职业教育改革重点任务
"校企合作典型生产实践项目"支撑教材

六星总厨岗位标准实践指导书

主　编　武国栋　张仲光　庞　蕊
副主编　陈　浩　刘加上　刘旭明
参　编　赵塔娜　辛　迪　丁冉翊　徐莉莉
　　　　刘海英　郝瑛媛　施海宝　丁冠辉
　　　　张虎虎　刘霞飞　郭　锐　刘　斌
　　　　李　欣　王程程　冯　磊　王　瑞
　　　　陈　辉　秦艳梅

复旦大学出版社

扫描二维码查看菜品

前　言

深入贯彻党的二十大精神和全国教育大会部署,落实党中央、国务院关于教材建设的决策部署和《国家职业教育改革实施方案》有关要求,深化职业教育"三教"改革;为促进产教融合,以习近平新时代中国特色社会主义思想为指导,全面推动习近平新时代中国特色社会主义思想进教材、进课堂、进头脑;全面贯彻党的教育方针,落实立德树人根本任务,积极培育和践行社会主义核心价值观,体现中华优秀传统文化、革命文化和社会主义先进文化,弘扬劳动光荣、技能宝贵、创造伟大的时代风尚。本教材作为校企合作典型生产实践项目的辅助教材,突出职业教育的类型特点,统筹推进教师、教材、教法改革,深化产教融合、校企合作,与西贝餐饮集团共同开发,基于企业真实生产过程,融入行业最新技术和标准,充分体现新技术、新工艺、新规范,深度运用数字技术解决生产问题。以国家规划教材建设为引领,加强和改进职业教育教材建设,充分发挥教材建设在提高人才培养质量中的基础性作用,努力培养德智体美劳全面发展的高素质劳动者和技术技能人才。力争形成以企业典型生产实践项目为载体的职业教育教学模式新突破,有效提升人才培养针对性和适应性。

本书为职业教育改革重点任务"校企合作典型生产实践项目"的支撑教材,深度契合职业教育的特点。由中高本企多方共同开发,即是一本双元教材,也是一本行业工具书,具有作业指导书的特点。教材紧密围绕企业真实生产过程和岗位实践能力要求,融入行业最新技术和标准,充分展现了新技术、新工艺、新规范。教材内容丰富全面,涵盖热菜作业制作指导、设备标准操作、菜肴常用烹饪方法、特色菜肴制作等多个板块。教材体现产学研用创融合一体化,以学生为中心促进教学模式改革,提升学生的手脑并用能力,培养学生把握行业发展趋势的能力,增强了职业教育的适应性和与区域经济发展的适配性。

编者
2025 年 4 月

目　录

| 第一部分 | 热菜作业指导书 | 1 |

一、蒙古牛大骨 1

二、烤羊背 2

三、草原全羊杂 3

四、烤全羊 4

五、5种番茄浇汁莜面 5

六、油泼香椿莜面 6

七、西贝面筋 7

八、黄米凉糕 8

九、果蔬大拌菜 9

十、手撕椒麻鸡 10

十一、葱香烤鱼 11

十二、新疆大盘鸡 12

十三、牛肉土豆条 14

十四、小锅牛腩 15

十五、猪骨头烩酸菜 16

十六、砂锅扁豆丝 17

十七、烹香黄金豆 18

十八、封缸肉烩小白菜 19

十九、橄榄油炒3种蘑菇 20

二十、干锅花菜 21

二十一、铁板包菜炒粉丝 22

二十二、鸡汤炖豆腐 23

二十三、葱油罗马生菜 24

二十四、葱油西兰花 25

二十五、葱油菜心 25

二十六、内蒙古奶酪饼 26

1

二十七、黄馍馍	28
二十八、小米发糕	29
二十九、厚切枣糕	29

第二部分　设备标准服务 … 31

一、热菜设备使用说明及维护 … 31
二、烧烤设备使用说明及维护 … 39
三、面点设备使用说明及维护 … 42
四、凉菜档口设备使用说明及维护 … 45

第三部分　菜肴常用烹饪方法 … 50

一、炸 … 50
二、干炸 … 50
三、软炸 … 50
四、清炸 … 50
五、松炸 … 50
六、酥炸 … 51
七、香炸 … 51
八、油淋炸 … 51
九、纸包炸 … 51
十、卷包炸 … 51
十一、脆炸 … 51
十二、熘 … 52
十三、脆熘 … 52
十四、滑熘 … 52
十五、软熘 … 52
十六、爆 … 52
十七、葱爆 … 53
十八、酱爆 … 53
十九、汤爆 … 53
二十、油爆 … 53
二十一、芫爆 … 53
二十二、炒 … 53
二十三、抓炒 … 54
二十四、滑炒 … 54
二十五、干煸 … 54
二十六、软炒 … 54

二十七、熟炒 ... 54
二十八、水炒 ... 54
二十九、小炒 ... 55
三十、清炒 ... 55
三十一、生炒 ... 55
三十二、烹 ... 55
三十三、煎烹 ... 55
三十四、炸烹 ... 55
三十五、醋烹 ... 56
三十六、烧 ... 56
三十七、白烧 ... 56
三十八、葱烧 ... 56
三十九、红烧 ... 56
四十、干烧 ... 56
四十一、扒 ... 57
四十二、煮 ... 57
四十三、煨 ... 57
四十四、焖 ... 57
四十五、清蒸 ... 58
四十六、粉蒸 ... 58
四十七、炖 ... 58
四十八、涮 ... 58
四十九、清炖 ... 58
五十、烩 ... 59
五十一、煎 ... 59
五十二、贴 ... 59
五十三、塌 ... 59
五十四、焗 ... 60
五十五、烤 ... 60
五十六、拔丝 ... 60
五十七、挂霜 ... 60
五十八、蜜汁 ... 60

第四部分 特色菜肴制作 ... 61

一、干炸小黄鱼 ... 61
二、软炸鲜蘑 ... 61
三、清炸核桃腰 ... 63

四、高丽香蕉 63
五、香酥鸡 64
六、炸虾排 65
七、油淋仔鸡 66
八、纸包鸡翅 67
九、炸卷肝 68
十、脆炸鲜奶 69
十一、糖醋鲤鱼 70
十二、松鼠鱼 71
十三、炸熘茄盒 72
十四、滑熘鱼丝 73
十五、木耳过油肉 74
十六、鸡粥鱼肚 75
十七、葱爆羊肉 76
十八、酱爆猪肝 77
十九、汤爆双脆 78
二十、油爆肚仁 79
二十一、芫爆散丹 80
二十二、抓炒腰花 81
二十三、滑炒里脊丝 82
二十四、干煸牛肉丝 83
二十五、炒鲜奶 84
二十六、回锅肉 85
二十七、水炒鸡蛋 86
二十八、鱼香肉丝 87
二十九、清炒虾仁 87
三十、炒牛心菜 88
三十一、烹虾段 89
三十二、滑烹驼峰丝 90
三十三、煎烹带鱼 91
三十四、烧蹄筋 92
三十五、葱烧海参 93
三十六、大葱烧木耳 94
三十七、红烧肉 95
三十八、花芸豆烧牛尾 96
三十九、干烧明虾 97
四十、扒猴头 98
四十一、扒驼蹄 99

目 录

四十二、水煮鳝片 ... 100
四十三、手扒羊肉 ... 101
四十四、红煨牛腩 ... 102
四十五、白煨脐门 ... 103
四十六、红焖鸡腿 ... 104
四十七、黄焖鸭 ... 105
四十八、啤酒猪手 ... 106
四十九、油焖大虾 ... 107
五十、土豆焖金瓜 ... 107
五十一、清蒸桂鱼 ... 108
五十二、米粉肉 ... 109
五十三、蒜蓉粉丝扇贝 ... 110
五十四、牡丹鱼 ... 111
五十五、涮羊肉 ... 112
五十六、功夫鱼 ... 113
五十七、蟹粉狮子头 ... 114
五十八、千丝豆腐 ... 115
五十九、猪肉烩酸菜 ... 116
六十、煎山药饼 ... 117
六十一、锅贴里脊 ... 118
六十二、锅塌豆腐 ... 119
六十三、盐焗鸡 ... 120
六十四、精品烤羊排 ... 121
六十五、烤猪方 ... 122
六十六、拔丝苹果 ... 123
六十七、挂霜花生米 ... 124
六十八、蜜汁银杏 ... 125

第一部分 热菜作业指导书

一 蒙古牛大骨

1. 菜肴介绍

蒙古牛大骨是一道具有浓郁蒙古族特色的传统菜肴。这道菜以牛的大骨为主要食材,通常选用牛的腿骨或脊椎骨等部位,经过精心的烹饪和调味,呈现出独特的风味和口感。

2. 菜肴制作

(1) 蒙古牛大骨的加工工艺流程 煮制—调汤—出餐。
(2) 蒙古牛大骨的加工制作

原料	主辅料	牛肋排骨 2 500 g
	调味料	牛大骨专用酱汁 100 ml,洋葱 100 g,蒜肉 10 g,生姜 5 g,花椒 3 g,芹菜 80 g
加工步骤		1. 将洋葱、芹菜、生姜切 3～4 cm 的段,装入料包内,再加入蒜、花椒备用。 2. 锅内加入 17 kg 水烧开,下入 2 kg 棒骨、脖骨、肋骨;撇去浮沫,加入料包和牛大骨专用酱汁,盖盖中火 50 min 后,开盖加入 17 kg 水的 1/3 开水,小火 25～30 min,闻到肉香即可
技术关键		不可将骨头煮至脱骨
成品特点		肉质软烂,骨髓精香
类似菜品		草原羊蝎子

二 烤羊背

1. 菜肴介绍

烤羊背是一道具有浓郁蒙古族特色的传统名菜。通常选用肥美的绵羊脊背为主要食材,经过精心腌制和炭火烤制而成;是蒙古族在重大庆典、宴请贵宾时的一道重要菜肴。

2. 菜肴制作

(1) 烤羊背的加工工艺流程　煮制—烤制—出餐。
(2) 烤羊背的加工制作

原料	主辅料	羊背 1 500 g、空气馍 8 个、白洋葱圈 200 g、白洋葱条 200 g、苏子叶 15 片
	调味料	葱段 350 g、姜片 400 g、精盐 30 g、花椒粒 75 g、酱油 60 g、糖色 50 g、小茴香粒 75 g、香油 150 g
加工步骤		1. 将羊背加入所有辅料,调料研制 2 h 备用。 2. 将腌好的羊背刷上酱油、糖色;略凉时,再刷上香油;将羊背朝上放入提前烧热的烤箱,烤制 3~4 h,待羊皮烤至黄红酥脆,肉质嫩熟时取出
技术关键		掌握好火候
成品特点		外焦里嫩,气味香醇,鲜美适口
类似菜品		烤羊腿

三　草原全羊杂

1. 菜肴介绍

草原全羊杂是一道具有浓郁草原特色的传统美食。它由羊的各种内脏（心、肝、肺、肚、肠等）为主料，搭配适量的羊骨汤和各种调料烹制而成。这道菜在草原地区广受欢迎，是当地人们日常饮食和宴请宾客的重要菜肴之一。

2. 菜肴制作

（1）草原全羊杂的加工工艺流程　炒制—压制—出餐。
（2）草原全羊杂的加工制作

原料	主辅料	羊杂 800 g、面肺 200 g、土豆条 300 g、绿尖椒 200 g、香菜 15 g
	调味料	盐 1 g
加工步骤		1. 先将土豆切成长 4～8 cm、宽 0.7～0.8 cm 的条，绿尖椒切末，香菜切末。 2. 将羊杂 220 g 炒至水分蒸发。 3. 将炒好的羊杂加 800 g 水、100 g 土豆条，放入 22/24 cm 高压锅，起气后小火压制 5 min；然后调大火 2 min 收汁。 4. 将压制好的羊杂土豆条加 600 g 羊杂汤，放入锅中，烧开后放入绿尖椒末、香菜末，带火出餐
技术关键		压制时间、收汁火候
成品特点		汤浓鲜香
类似菜品		草原羊杂烩豆腐

四　烤全羊

1. 菜肴介绍

烤全羊是一道具有地方特色的传统菜肴,其历史可以追溯到元代,据说是成吉思汗最喜爱的宫廷名菜之一,也是元朝御宴诈马宴中不可或缺的一道美食。

2. 菜肴制作

(1) 烤全羊的加工工艺流程　腌制—烤制—出餐。
(2) 烤全羊的加工制作

原料	主辅料	绵羊 1 只
	调味料	葱段 350 g、姜片 400 g、精盐 30 g、花椒粒 75 g、酱油 60 g、糖色 50 g、小茴香粒 75 g、香油 150 g
加工步骤		1. 宰杀羊,用 80~90℃ 的开水烧烫全身,趁热煺净毛;取出内脏,刮洗干净;在羊的腹腔内和后腿内侧肉厚的地方割若干小口。 2. 羊腹内、羊腿内侧,放入葱段、姜片、花椒、小茴香、精盐,搓擦入味;将羊尾用铁签别入腹内,胸部朝上,四肢用铁钩挂住皮面,刷上酱油、糖色;略凉时,再刷上香油;将全羊腹朝上挂入提前烧热的烤炉内,将炉口用铁锅盖严,并用黄泥封好;在炉的下面备一铁盆,用来沥装烘烤时流出的羊油,以防落入炭火中冒烟;烤制 3~4 h,待羊皮烤至黄红酥脆,肉质嫩熟时取出。 3. 食用时先将整羊卧放于特制的木盘内,羊角系上红绸布,抬至餐室外;请宾客欣赏后,由厨师将羊皮剥下,切成条装盘;再将羊肉割下切成厚片,羊骨剁成大块,分别装盘,配以葱段、蒜泥、面酱、荷叶饼,并随带蒙古刀上桌
技术关键		羊肉老嫩适中,掌握好火候
成品特点		外焦里嫩,气味香醇,鲜美适口
类似菜品		烤羊腿、烤羊背等

五　5种番茄浇汁莜面

1. 菜肴介绍

将5种番茄与莜面搭配,色彩丰富,口感酸甜,面条劲道。其制作讲究,选用优质的番茄和莜面,经过精心烹制,呈现出独特的风味。

2. 菜肴制作

(1) 5种番茄浇汁莜面的加工工艺流程　炒酱—浇汁熬制—搓莜面—莜面窝窝蒸制—出餐。

(2) 5种番茄浇汁莜面的加工制作

原料	主辅料	西红柿600 g、秋茄子300 g、千禧圣女果150 g、胡萝卜丁80 g、青口蜜小番茄100 g、香芹50 g、干葱头50 g、蒜末8 g
	调味料	浇汁莜面酱150 ml
加工步骤		1. 将3种颜色的小番茄放入烧开的热水中,烫制30~40 s后捞出,投凉去皮备用。 2. 将去皮绿茄子、西红柿、香芹、胡萝卜切丁备用;蒜末、干葱头用搅碎机打成末,混合均匀。 3. 将切好的胡萝卜下热水中烧开煮制4 min左右,捞出投凉备用。 4. 将绿茄子丁装入蒸盘,万能蒸烤箱蒸制8~10 min至茄子软烂,然后挤出水分备用。 5. 锅中加入葱油,牛大骨浮油;烧热下入胡萝卜丁,炒至表面微干,加入干葱头、蒜末,炒出香味;再下入西红柿丁翻炒均匀;最后放入莜面酱、茄子丁,翻炒均匀后备用。

续 表

	6. 将蒸好的莜面窝窝放入盘中,再将炒好的西红柿浇汁于香芹丁;葱油放入锅中加热后浇到莜面上,上面放入3种颜色的小番茄瓣即可出餐。
技术关键	炒制浇汁的火候、莜面蒸制时间
成品特点	色泽鲜艳,很有食欲
类似菜品	五种番茄浇汁莜面鱼

 油泼香椿莜面

1. 菜肴介绍

油泼香椿莜面是一道色香味俱全的春季美食,由香椿嫩芽和莜面制作而成。香椿嫩芽鲜甜脆口,与低 GI(血糖生成指数)的莜面完美结合,不仅口感佳,还富含膳食纤维,营养丰富。

2. 菜肴制作

(1) 油泼香椿莜面的加工工艺流程　莜面汁兑制—蔬菜混合—搓莜面窝窝—出餐。
(2) 油泼香椿莜面的加工制作

原料	主辅料	有机莜麦粉 400～600 g、香椿芽 100 g、黄瓜 200 g、樱桃萝卜 80 g、青笋段 100 g、香椿苗 50 g、红彩椒 80 g、黄彩椒 50 g、紫甘蓝 50 g、蒜肉 8 g、小米椒 5 g
	调味料	食用油 30 ml、生抽 2 ml、陈醋 2 ml、盐 1 g、蒜末 3 g、辣椒粉 3 g

续 表

加工步骤	1. 将莜面用温水和成面团,软硬适中。 2. 把面团擀成薄片;然后,切成细条或用专门的工具制作成莜面鱼等形状。 3. 将莜面放入蒸锅中蒸熟,一般 10~15 min,具体时间根据莜面的量和厚度而定。 4. 香椿洗净,放入开水中焯烫,变色后迅速捞出,过凉水。挤干香椿的水分,切成碎末。 5. 在碗中加入生抽、陈醋、盐、蒜末、辣椒粉。 6. 锅中烧热食用油,至七成热左右(油面微微冒烟)。 7. 将热油浇在调味料碗中,激发香味。把蒸熟的莜面放入大碗中,加入切好的香椿末。 8. 倒入调好的调味料,搅拌均匀即可
技术关键	和面温度、油温控制
成品特点	莜面劲道有嚼劲,搭配香椿的独特香味,口感丰富。油泼后的调味料赋予了莜面浓郁的香味和辣味,增加了食欲
类似菜品	油泼面、凉拌莜面、香椿拌豆腐

七 西贝面筋

1. 菜肴介绍

西贝面筋是一种由面粉加工而成的食材,具有独特的口感和丰富的营养价值,常用于制作各种美味菜肴。

2. 菜肴制作

（1）西贝面筋的加工工艺流程　面筋大汤兑制—蔬菜拌制—酿皮加热—出餐。
（2）西贝面筋的加工制作

原料	主辅料	凉皮 300 g、面筋 100 g、烂腌菜 80 g、黄瓜 200 g、面筋块 50 g、芹菜 50 g、白芝麻 5 g、紫甘蓝 50 g、香菜 15 g、大葱 15 g、蒜肉 8 g、香葱 8 g、韭菜 15 g、花生碎
	调味料	辣椒油 15 ml、葱油 15 ml、蒜水 10 ml
加工步骤		1. 将韭菜、大葱、香葱、大芹菜切丁,黄瓜、紫甘蓝切丝,面筋切成块备用。 2. 将辣椒面、熟芝麻、熟花生碎放入盛器拌均匀;锅内倒油,油温升至 230 ℃,关火;油温保持在 190 ℃炝入混合好的料中(边炝入油边搅拌),至常温备用。 3. 紫甘蓝丝加盐拌均匀,再加面筋、葱油拌均匀后备用。 4. 将小料倒入面筋打汤中浸泡 2 h。 5. 将凉皮解冻后放入盘中,依次放入面筋块、芹菜丁、烂腌菜、黄瓜丝;再将大汤倒入面筋上,依次倒入蒜水、葱油、辣椒油,撒上拌好的紫甘蓝、芝麻、香菜即可
技术关键		面筋大汤一定要浸泡出香味
成品特点		凉皮筋道爽滑,面筋松软
类似菜品		面筋

八　黄米凉糕

1. 菜肴介绍

黄米凉糕是一道传统的中式糕点,具有独特的风味和口感。

2. 菜肴制作

（1）黄米凉糕的加工工艺流程　制金瓜泥—浆糯米/浆黄米蒸制—成形—分份—出餐。

（2）黄米凉糕的加工制作

原料	主辅料	浆黄米 150 g，浆糯米 150 g，桂花蘸酱 20 g，南瓜泥 20 g，蜂蜜 10 g，蔓越莓干 5 g，绿葡萄干 10 g
	调味料	白糖 10 g，桂花酱 10 g，酸奶 20 g
加工步骤		1. 浸泡黄米和糯米：将黄米和糯米分别洗净，用清水浸泡至少 4 h，最好浸泡过夜，让米粒充分吸收水分。 2. 蒸制黄米和糯米：将浸泡好的黄米和糯米分别沥干水分，分别放入蒸锅中蒸熟。黄米一般蒸 30～40 min，糯米蒸 20～30 min。具体时间可根据实际情况调整，以米粒熟透为准。 3. 制作黄米层：取出蒸好的黄米，趁热加入适量白糖，搅拌均匀，根据个人口味调整白糖的用量。在容器底部铺上一层保鲜膜，将拌好白糖的黄米铺在容器底部，压实。 4. 制作糯米层：取出蒸好的糯米，同样趁热加入适量白糖，搅拌均匀。将糯米铺在黄米层上，压实。 5. 添加果干：在糯米层上均匀撒上蔓越莓干、葡萄干等果干。 6. 冷藏定形：将制作好的黄米凉糕放入冰箱冷藏数小时，直至凉糕完全定形。 7. 脱模切块：从冰箱中取出凉糕，脱模后切成小块。 8. 搭配调味料食用：可在黄米凉糕上淋上桂花酱，或者搭配酸奶一起食用
技术关键		浸泡时间、蒸制火候时间、冷却时间
成品特点		软糯香甜，黄米和糯米的口感相互融合，加上果干酸甜，层次丰富。
类似菜品		江米凉糕

九　果蔬大拌菜

1. 菜肴介绍

果蔬大拌菜是一道清爽可口、营养丰富的菜肴，非常适合作为开胃菜或配菜。

2. 菜肴制作

(1) 果蔬大拌菜的加工工艺流程　水果蔬菜切配—拌菜汁兑制—出餐。
(2) 果蔬大拌菜的加工制作

原料	主辅料	大拌菜 200 g、富士苹果 100 g、橙子 200 g、绿心猕猴桃 80 g、红提 150 g
	调味料	橄榄油 15 ml、白糖 3 g、盐 1 g、厨邦酱油 8 ml、陈醋 10 ml
加工步骤		1. 将所有水果、蔬菜洗干净改刀备用。 2. 将所有调料兑成汁水备用。 3. 将蔬菜、水果、拌菜汁倒入盆中，轻拌均匀即可装盘出餐
技术关键		蔬菜、水果洗干净，拌制动作要轻
成品特点		颜色搭配均匀
类似菜品		田园沙拉

十　手撕椒麻鸡

1. 菜肴介绍

手撕椒麻鸡是一道具有浓郁川味特色的菜肴，以其麻辣鲜香的口感和独特的风味而备受喜爱。

2. 菜肴制作

(1) 手撕椒麻鸡的加工工艺流程　煮制—椒麻油兑制—兑汤—泡千张—出餐。
(2) 手撕椒麻鸡的加工制作

原料	主辅料	鸡(土鸡为佳)1 000 g、笋段 200 g、祖名千张 150 g
	调味料	大葱 150 g、绿尖椒 150 g、小米椒 30 g、花椒 8 g、麻椒 5 g、干辣椒 5 g、姜 15 g、生抽 12 ml、醋 15 ml、白糖 1 g、料酒 12 ml
加工步骤		1. 处理鸡：将鸡洗净，去除内脏和杂毛。在鸡身上涂抹适量盐和料酒，腌制 20～30 min。 2. 煮鸡：锅中加入足够的水，放入葱、姜、料酒。将腌制好的鸡放入锅中，水开后转小火煮 20～30 min。具体时间根据鸡的大小而定，确保鸡肉熟透但不过烂。煮好后将鸡捞出，放入冰水中浸泡一会儿，使鸡肉更加紧实。 3. 制作椒麻汁：将花椒、麻椒、干辣椒放入锅中，小火干炒出香味，盛出晾凉。将炒好的花椒、麻椒、干辣椒放入料理机中打成粉末状。将姜、蒜切末放入碗中，加入花椒麻椒粉末、生抽、醋、白糖、盐、香油，搅拌均匀成椒麻汁。 4. 手撕鸡肉：将冷却后的鸡用手撕成条状或小块。 5. 拌制：将撕好的鸡肉放入大碗中，倒入调好的椒麻汁，搅拌均匀，让鸡肉充分吸收调料的味道
技术关键		调料调制
成品特点		椒麻味浓郁，麻、辣、香、鲜层次丰富，刺激味蕾
类似菜品		口水鸡

十一　葱香烤鱼

1. 菜肴介绍

葱香烤鱼是一道美味可口的特色菜肴，融合了鱼肉的鲜美与葱香的浓郁。

2. 菜肴制作

(1) 葱香烤鱼的加工工艺流程 烤制—出餐。

(2) 葱香烤鱼的加工制作

原料	主辅料	海鲈鱼 800 g、白洋葱 200 g、小麦粉 50 g、香葱 20 g、秋葵 30 g
	调味料	烤鱼红油 20 ml、泡馍辣酱 12 ml、孜然椒盐 5 g
加工步骤		1. 将海鲈鱼泡水解冻,洗干净备用;白洋葱切成圈、条两种,红彩椒切块备用。 2. 20 g(3~4 块)红彩椒块、30~35 g(3 根)秋葵放入盛器,加入 1 g 大豆油拌匀,烤制 3 min 晾凉;秋葵斜刀一分为二,备用;白洋葱条加 1 g 大豆油拌匀按每份 50 g 分份备用。 3. 万能蒸烤箱干烤模式,预热至 260 ℃。海鲈鱼内侧刷上辣酱,撒上孜然面,刷红油,再将面粉均匀撒在鱼皮上;用烤鱼红油将面粉轻轻刷均匀,用钎子在肉厚处扎眼,大份烤制 9~10 min(小份烤 8~9 min)取出,表面撒羊排孜然面;将蔬菜烤制 2 min,加海盐、黑胡椒碎拌匀。 4. 将烤好的蔬菜放入盘底,再放上烤好的鱼即可出餐
技术关键		烤制温度和时间
成品特点		干香
类似菜品		蒜香烤鱼

十二　新疆大盘鸡

1. 菜肴介绍

新疆大盘鸡是新疆地区的一道特色名菜,具有浓郁的地方特色和独特的风味。

2. 菜肴制作

（1）新疆大盘鸡的加工工艺流程　鸡块炒制—鸡汤兑制—调味—出餐。
（2）新疆大盘鸡的加工制作

原料	主辅料	鸡块 600 g、土豆片 300 g、扯面片 200 g、大葱 15 g、生姜 5 g、蒜肉 8 g、螺丝椒 50 g、新疆线椒 30 g
	调味料	大盘鸡酱料 30 ml、花椒 10 g
加工步骤		1. 鸡块解冻备用；扯面解冻至回软，无硬芯状态。 2. 新疆线椒改刀，放入常温水中浸泡至回软不发密棉状态，沥水备用。 3. 将姜、土豆切片，螺丝椒、大葱切段，蒜拍散，备用。 4. 锅中加油烧热，放入姜片，炒至姜片金黄；再放入花椒、泡水线椒，炒至线椒表皮稍干；下入白糖搅拌至融化；放入鸡块炒至鸡肉缩紧，颜色微黄；下入调料炒至均匀，炒出香味；然后放入酱料炒制均匀。再倒入高压中加入鸡汤、土豆片，压制 5 min 后倒入锅中，加入配料汤汁，收至浓稠即可装盘。 5. 将扯面抻至长 25 cm，煮熟放入盘中即可出餐
技术关键		鸡肉炒制上色、压制时间
成品特点		色泽黄亮
类似菜品		沙湾大盘鸡

十三　牛肉土豆条

1. 菜肴介绍

牛肉土豆条是一道美味且营养丰富的菜肴,主要由牛肉和土豆制成,搭配各种调味料和香料,口感丰富,深受人们喜爱。

2. 菜肴制作

(1) 牛肉土豆条的加工工艺流程　牛肉条压制—土豆条熟制—出餐。
(2) 牛肉土豆条的加工制作

原料	主辅料	土豆条 200 g、牛肉条 200~300 g、大葱 15 g、蒜肉 8 g
	调味料	盐 1 g、鸡饭老抽 200 ml
加工步骤		1. 土豆切条备用。 2. 牛肉条解冻,下锅中焯水备用。 3. 锅中加油,升温至 160 ℃,放入牛肉条,炒至表面微干;下入云椒段、葱姜蒜,炒出香味;再将醋、酱油顺锅边分 3 次炝入锅中。关火,下入盐鸡饭老抽,水开后倒入高压锅,小火压制 25 min,关火焖 5 min 即可。 4. 将土豆条加一点盐,煮至断生即可。 5. 锅中下入牛肉条、土豆条,小火炒至土豆反沙即可出锅;再撒上小葱花即可出餐
技术关键		牛肉条压制时间
成品特点		口感软糯
类似菜品		土豆烧牛肉

十四　小锅牛腩

1. 菜肴介绍

小锅牛腩是一道美味且受欢迎的家常菜,通常使用牛腩作为主要食材,搭配各种调料和蔬菜,通过炖煮的方式制作而成。

2. 菜肴制作

（1）小锅牛腩的加工工艺流程　压制—分份—出餐。
（2）小锅牛腩的加工制作

原料	主辅料	牛腩块 400 g、牛蹄筋 150 g、绿尖椒段 50 g、芹菜段 80 g、白洋葱段 200 g、土豆片 150 g、胡萝卜片 100 g、黄萝卜片 80 g、南瓜块 80 g、西红柿 200 g、鹰嘴豆 50 g
	调味料	中式厨师鸡汤 5 ml、炖牛肉调味酱 150 g、炖牛肉料油 8 ml、盐 1 g、雀巢美极鲜牛肉粉 1 g
加工步骤		1. 鹰嘴豆加常温水,冷藏浸泡 12～15 h;泡好后加水,放到高压锅中,起气小火压制 12 min 捞出投凉,备用。 2. 将绿尖椒、芹菜段、白洋葱块装料包备用;牛腩、牛蹄筋解冻焯水备用;高压锅加入开水,倒入中式厨师鸡汤、炖牛肉调味酱、炖牛肉料油、盐、雀巢美极鲜牛肉粉;再入蔬菜包于焯好的牛肉高压锅,压制 22 min,不放气焖 30 min 即可。 3. 锅中依次放入黄胡萝卜、西红柿块,水,牛肉,原汤;再加入番茄酱、熟的鹰嘴豆,压 30 min 即可出餐
技术关键		最后压制时间不能长
成品特点		飘香四溢
类似菜品		板栗南瓜小锅牛腩

十五　猪骨头烩酸菜

1. 菜肴介绍

猪骨头烩酸菜是一道具有浓郁北方风味的家常菜,主要食材包括猪骨头、酸菜、土豆和豆腐。这道菜不仅味道鲜美,而且营养丰富,是冬季餐桌上的佳肴。

2. 菜肴制作

(1) 猪骨头烩酸菜的加工工艺流程　炒制—压制—出餐。
(2) 猪骨头烩酸菜的加工制作

原料	主辅料	猪骨头 300 g、酸菜丝 500 g、土豆片 200 g
	调味料	鸡粉 1 g、厨邦酱油 10 ml、陈醋 15 ml、花椒面 1 g、干姜面 1 g、大料面 1 g、盐 1 g
加工步骤		1. 葱姜蒜改刀成末,土豆切块。 2. 猪骨头焯水,锅中加油,将猪骨头炒至微黄;然后将所有调料炝入锅中,炒出香味,倒入高压锅,依次放入土豆块、酸菜丝、汤、油,压制 16 min 后开盖,中火收干汤汁,出锅装盘即可
技术关键		炝锅时要炒出香味
成品特点		香味浓郁,肥肉不腻
类似菜品		猪肉烩酸菜

十六 砂锅扁豆丝

1. 菜肴介绍

砂锅扁豆丝是一道美味可口、营养丰富的家常菜。

2. 菜肴制作

(1) 砂锅扁豆丝的加工工艺流程　炒制—出餐。
(2) 砂锅扁豆丝的加工制作

原料	主辅料	扁豆角丝 400 g,梅花肉丝 100 g,五花肉 80 g,蒜肉 8 g,鸡蛋 50 g,小米椒 15 g
	调味料	铁板调味汁 15 ml
加工步骤		1. 将五花肉解冻切丝,扁豆角去筋切丝,小米椒切圈,蒜拍散。 2. 锅内加入猪油、大料,炒制 1 min 至出香味;加入五花肉丝,中火煸炒 5~6 min 至肉条微黄。将肉条捞出沥油,将锅内油倒出;将沥油后的肉丝倒入锅中,中火加热,沿锅边烹入酱油,炒制 40~50 s 至均匀,关火倒出备用。 3. 炒虾酱:将鸡蛋炒至成鸡蛋丁,放入虾酱,炒制 20~30 s;微微冒小泡后关火,翻炒均匀,中心温度达到 80℃ 以上即可出锅备用。 4. 炒锅中放入色拉油,烧热后放入扁豆丝,炒制 10~20 s 至断生变色,倒出控油备用。锅中放入猪油、拍蒜、小米椒圈,炒至蒜表面微黄后,下入猪肉丝;煸炒出香味后,下入扁豆丝翻炒均匀,淋入一点水,加入虾酱炒制 10~20 s 后,再放入铁板调味汁,翻炒均匀,装盘出锅
技术关键		煸炒料头要小火
成品特点		干爽
类似菜品		炒二道

十七　烹香黄金豆

1. 菜肴介绍

烹香黄金豆是一道美味可口的菜肴,在东北地区非常受欢迎,通常用来焖制五花肉或炖土豆、炖排骨。

2. 菜肴制作

(1) 烹香黄金豆的加工工艺流程　压制—收汁—出餐。
(2) 烹香黄金豆的加工制作

原料	主辅料	豆角 300 g、土豆条 200 g、美人椒 30 g、杭椒 30 g
	调味料	黄金豆酱包 150 g
加工步骤		1. 杭椒、美人椒切丁,土豆切条备用。 2. 将黄金豆酱包组合放入蒸汽设备中,加热至料油、汤汁呈液态状,肉条无抱团,倒出备用。 3. 将酱包、汤、土豆条、速冻豆角放入高压锅,压制 3 min;不粘锅中放入料油、杭椒丁、美人椒丁,炒制 5~10 s 后,加入压好的黄金豆,收汁 10~20 s,翻拌均匀即可出锅
技术关键		收汁时动作要小,不可将食材捣碎
成品特点		汁浓味美
类似菜品		黑猪肉焖豆角

十八　封缸肉烩小白菜

1. 菜肴介绍

封缸肉烩小白菜是一道具有地方特色的传统菜肴,它反映了当地的饮食文化和生活习惯。同时是一道色香味俱佳的家常菜肴,主要食材包括封缸肉、小白菜和土豆。封缸肉是一种经过特殊腌制和风干的猪肉,具有独特的风味。

2. 菜肴制作

(1) 封缸肉烩小白菜的加工工艺流程　熟制—扎蒙油炝制—出餐。
(2) 封缸肉烩小白菜的加工制作

原料	主辅料	封缸肉 150 g、土豆条 200 g、小白菜 400 g、扎蒙花 5 g、云椒 30 g
	调味料	酱油 10 ml、鸡粉 1 g、扎蒙油 8 ml、盐 1.5 g
加工步骤		1. 封缸肉切片,小白菜切段,土豆切条。 2. 将切好的土豆放入盐,拌均匀,放入蒸盘上笼,蒸至无硬心取出备用。 3. 先将小白菜放入开水焯制 8~10 s,捞出挤水备用;锅中加入猪油,加热,放入封缸肉,炒制 50~60 s 至表面微黄;然后放入云椒段,炒至红褐色,下入蒜片、葱花、调料面,炒出香味,放入土豆条,煸炒至土豆反沙;下入酱油、小白菜、鸡粉、扎蒙油翻拌均匀即可出锅
技术关键		小白菜焯水后一定挤干水分
成品特点		汁味浓厚
类似菜品		腌猪肉小白菜

十九　橄榄油炒 3 种蘑菇

1. 菜肴介绍

橄榄油炒 3 种蘑菇是一道美味又健康的菜肴，主要食材包括香菇、杏鲍菇和蟹味菇，搭配初榨橄榄油炒制。不仅味道鲜美，还富含营养，适合家庭日常食用。

2. 菜肴制作

（1）橄榄油炒 3 种蘑菇的加工工艺流程　炒制—出餐。
（2）橄榄油炒 3 种蘑菇的加工制作

原料	主辅料	3 种蘑菇 400 g、香葱 15 g、蒜肉 8 g
	调味料	橄榄油 20 ml、金章白松露调和油 8 ml、3 种蘑菇汁 10 ml
加工步骤		1. 蒜切片，香葱切段，备用。 2. 将 3 种蘑菇解冻备用。 3. 不粘锅中放入橄榄油烧热，将蒜片、香葱段放入锅中炒出香味；将 3 种蘑菇倒入锅中，炒制 2 min 后，加入 3 种蘑菇汁，炒制 10 s；最后放入香葱绿、金章白松露调和油，翻炒均匀即可出锅
技术关键		煸炒料头注意火候
成品特点		干香四溢
类似菜品		橄榄油炒口蘑

二十　干锅花菜

1. 菜肴介绍

干锅花菜是一道以花菜为主要食材,搭配秀珍菇、蘑菇、青红尖椒等辅料,通过炒制而成的美食。口味香辣,浓而不腻,口感饱满,回味悠长。

2. 菜肴制作

（1）干锅花菜的加工工艺流程　炒制—出餐。
（2）干锅花菜的加工制作

原料	主辅料	花菜 500 g、蒜肉 8 g、美人椒 3 个、带皮前肩肉片 80 g、带皮五花肉片 80 g、香芹 15 g
	调味料	铁板调味汁 15 ml、酱油 5 ml
加工步骤		1. 美人椒切丁,香芹切段,蒜拍散,花菜切成小朵,备用。 2. 切好的花菜过油备用;不粘锅中加入色拉油,烧热后放入大料,炒出香味;放入肉片,炒干水分,肉片变色,烩入酱油使肉片上色均匀;然后放入小料,煸至蒜微黄后倒入花菜、铁板调味汁,翻炒均匀即可出锅
技术关键		花菜过油时不要炸过
成品特点		干香四溢
类似菜品		干锅千叶豆腐

二十一　铁板包菜炒粉丝

1. 菜肴介绍

铁板包菜炒粉丝是一道非常受欢迎的家常菜肴,主要食材包括包菜、粉丝、鸡蛋、葱姜、线椒和小米辣。这道菜不仅制作简单,而且味道鲜美,适合全家享用。

2. 菜肴制作

(1) 铁板包菜炒粉丝的加工工艺流程　粉丝泡水—河虾粒蒸制—炒制—出餐。

(2) 铁板包菜炒粉丝的加工制作

原料	主辅料	牛心菜 500 g、鸡蛋 50 g、粉丝 100 g、蒜肉 8 g、干虾仁粒 15 g、云椒段 30 g
	调味料	盐 2 g、鸡粉 1 g、调味汁 15 ml
加工步骤		1. 牛心菜改刀成丝,粉丝泡软,一分为二,备用;干虾仁粒泡水,放蒸车加热 10~15 min,至回软,投凉备用;鸡蛋炒散备用。 2. 锅中加入油放入蒜、云椒段、河虾粒,炒制出香味;然后放入包菜丝,翻炒均匀,撒入粉丝,加入调味汁、鸡粉、盐调味,翻炒均匀;最后放入鸡蛋,翻炒均匀出锅
技术关键		粉丝不可泡过软
成品特点		甘香四溢
类似菜品		炝炒包菜丝

二十二　鸡汤炖豆腐

1. 菜肴介绍

鸡汤炖豆腐是一道美味且营养丰富的家常菜肴,以其鲜美的汤底和嫩滑的豆腐深受人们喜爱。

2. 菜肴制作

(1) 鸡汤炖豆腐的加工工艺流程　蒸河虾—熬汤—出餐。

(2) 鸡汤炖豆腐的加工制作

原料	主辅料	鸡汤豆腐块 400 g、山药 150 g、冷箭竹适量、蒜苗 15 g、干虾仁粒 20 g
	调味料	鸡汤 500 ml
加工步骤		1. 箭笋解冻,切成段;豆腐切成厚片,用手掰成自然块;蒜苗切成丁,土豆切块。 2. 河虾泡水,放入蒸车蒸 20 min,备用;土豆蒸 15～20 min 至反沙,备用。 3. 锅中加入鸡汤,放入豆腐、箭笋、土豆块,煮制 8 min,至豆腐蓬松浮起后,倒入盘中,撒入蒜苗即可
技术关键		煮制时间要达标
成品特点		汤鲜菜香
类似菜品		虫草花鸡汤

二十三　葱油罗马生菜

1. 菜肴介绍

葱油罗马生菜是一道色香味俱佳的家常菜,以其清爽的口感和独特的调味深受人们喜爱。

2. 菜肴制作

(1) 葱油罗马生菜的加工工艺流程　改刀—清洗—烫制—出餐。
(2) 葱油罗马生菜的加工制作

原料	主辅料	罗马生菜 600 g、葱酥 200 g
	调味料	蒸鱼豉油 10 ml、葱油 15 ml
加工步骤		1. 罗马生菜洗干净,备用。 2. 锅中烧水,将罗马生菜轻烫至断生,捞出装盘;在上面放入葱酥。将葱油烧浇到上面,再加入蒸鱼豉油即可
技术关键		烫制时间不能长
成品特点		口味清淡
类似菜品		葱油菜心

二十四　葱油西兰花

1. 菜肴介绍

葱油西兰花是一道清爽可口的凉拌菜,非常适合在炎热的夏天食用,具有开胃解暑的效果。

2. 菜肴制作

（1）葱油西兰花的加工工艺流程　改刀—清洗—烫制—出餐。
（2）葱油西兰花的加工制作

原料	主辅料	西兰花 600 g、葱酥 200 g
	调味料	蒸鱼豉油 10 ml、葱油 15 ml
加工步骤		1. 西兰花切成小朵,洗干净备用。 2. 锅中烧水,将西兰花烫至断生,捞出装盘;在上面放葱酥,烧葱油浇到上面,再加入蒸鱼豉油即可
技术关键		烫制时间不能长
成品特点		口味清淡
类似菜品		葱油罗马生菜

二十五　葱油菜心

1. 菜肴介绍

葱油菜心是一道清爽脆嫩的家常菜,以其简单快捷的制作方法和清爽的口感而受到许多人的喜爱。

2. 菜肴制作

（1）葱油菜心的加工工艺流程　改刀—清洗—烫制—出餐。

（2）葱油菜心的加工制作

原料	主辅料	菜心 600 g、葱酥 200 g
	调味料	蒸鱼豉油 10 ml、葱油 15 ml
加工步骤		1. 菜心掐头去尾，粗的根部用刀划一刀，洗干净备用。 2. 锅中烧水，将菜心烫至断生，捞出装盘；在上面放入葱酥，烧葱油浇到上面，再加入蒸鱼豉油即可
技术关键		烫制时间不能长
成品特点		口味清淡
类似菜品		葱油西兰花

二十六　内蒙古奶酪饼

1. 菜肴介绍

内蒙古奶酪饼是一道源自西贝莜面村的经典美食，以其香浓的奶酪和松软的饼皮著称。

2. 菜肴制作

（1）内蒙古奶酪饼的加工工艺流程　醒发—熟制—烤制—出餐。

（2）内蒙古奶酪饼的加工制作

原料	主辅料	小麦粉 250 g、干酪 100 g、鸡蛋 2 个、奶豆腐 80 g、黄油 40 g、炼乳 15 mL、芝士碎 80 g
	调味料	奶酪 50 g
加工步骤		1. 面包粉、酵母、鸡蛋、牛奶、奶粉、冰水按标准放入和面机内,加入黄油,和制。 2. 捞出备用剂子 60 g,奶酪 40 g,包制球形,按压成直径为 10 cm 的小饼,备用。 3. 打开蒸烤箱,设置发酵模式,温度为 37 ℃,湿度为最低挡,时间为 30～60 min,醒发。(旧款烤箱设置湿度 40%～80%,风速 1 挡)。 **关键点** 奶酪饼缓化至中心温度为 12 ℃以上,用喷壶在奶酪饼表面薄薄喷一层水。每个亚格力盒内醒发的奶酪不超过 5 个。醒发好的奶酪饼生胚厚度为 1.6～2 cm,直径为 13.5～15 cm,完成醒发后冷藏储存。烤制前在常温环境回温至 20 ℃以上,奶酪饼均匀回软。也可使用普通微波炉解冻模式回温 15～20 s 至 20 ℃以上,作为应急方案。 4. 刷油、扎眼:醒发好的奶酪饼表面均匀刷一层黄油。用扎眼器在奶酪饼中心扎眼,防止烤制时鼓包。 5. 撒芝士:用 V3 勺舀满 20 g 安佳芝易马苏里拉干酪碎,均匀撒在奶酪饼表面。 **关键点** 撒好芝士的奶酪饼冷藏储存,赏味期 1 h,芝士要撒均匀。 6. 将威夫尔、海克烤箱、蒸烤箱(干烤模式、湿度 0%、风速 4 挡)温度升至 180～200 ℃。使用专用烤盘,将奶酪饼烤制 7～9 min 至表面金黄。 **关键点** 烤制设备必须先预热好,再放入奶酪饼烤制。厚均匀。 7. 调整位置:烤制 3.5～4 min 后,将奶酪饼旋转 180°,使其均匀上色
技术关键		严格按标准投料,和面制手套膜,醒发不足的奶酪饼严禁烤制,醒发过度塌陷的奶酪饼严禁烤制出餐
成品特点		色泽金黄,外形饱满,切块整齐表皮酥脆,芝士拉丝,奶香味足
类似菜品		披萨、榴莲奶酪饼

二十七 黄馍馍

1. 菜肴介绍

黄馍馍是一种传统的陕西特色小吃，主要由糜子面、黍子面、玉米面等杂粮制成，口感松软香甜，富含纤维，易于消化，适合各年龄段人群食用。

2. 菜肴制作

（1）黄馍馍的加工工艺流程　蒸制—出餐。

（2）黄馍馍的加工制作

原料	主辅料	硬糜子面 500 g、软糜子面 100 g、普通面 100 g
	调味料	白糖 25 g、豆沙 400 g、食用碱 2 g、酵母 5 g
加工步骤		1. 25 g 白糖加入 3 种面粉中，混合均匀。 2. 35℃的温水 350 g，加入 5 g 酵母，搅拌均匀后加入 3 种面粉。再慢慢往里加水直到能和成一个稍偏硬的面团。面团不能太软。 3. 在 30℃左右温度下发酵 9 h，至面团表面有很多裂纹。 4. 在 15 g 水里加入 2 g 的食用碱，搅拌均匀后加入发酵好的面团，揉匀；再把面团分成每个 60 g 的小面团。 5. 把面团放在左手心里，压扁，形成一个窝，放入 35～40 g 豆沙。提前炒好的豆沙大概 1 汤匙为 35 g。 6. 放入豆沙后用右手虎口把面团慢慢往上推，最后收拢口，收口朝下。 7. 水开后放到蒸锅里，大火蒸 20 min，再虚蒸 5 min 即可
技术关键		面粉投料比例
成品特点		色泽金黄，外形饱满，口感蓬松柔软，红豆味浓郁
类似菜品		红豆玉米窝窝头

二十八　小米发糕

1. 菜肴介绍

小米发糕是一种传统的中式面点,主要由小米粉、面粉、酵母等原料制成,具有健脾养胃、松软香甜的特点。

2. 菜肴制作

(1) 小米发糕的加工工艺流程　蒸制—出餐。
(2) 小米发糕的加工制作

原料	主辅料	中筋面粉 400 g、小米面 100 g、枣泥 100 g、葡萄干 30 g
	调味料	酵母 5 g、糖 20 g
加工步骤		1. 温水倒入盛糖的量杯,倒入酵母,搅拌成酵母水。 2. 将面粉和小米面搅拌一起。 3. 将枣泥放入粉中,搅拌均匀;将水倒入面粉中,和制。 4. 起锅烧水,放蒸笼,蒸制 20 min,拿出凉凉切块
技术关键		和制面团比例、蒸制时间的把控
成品特点		发糕软糯,米香味浓郁
类似菜品		枣糕

二十九　厚切枣糕

1. 菜肴介绍

厚切枣糕是一种由红枣和面粉制作的甜点,具有香甜可口、营养丰富的特点。

2. 菜肴制作

(1) 厚切枣糕的加工工艺流程　蒸制—出餐。
(2) 厚切枣糕的加工制作

原料	主辅料	小麦粉 150 g、鸡蛋 4 个、南瓜泥 80 g、小米面 30 g、玉米面 30 g、葡萄干 20 g、橙皮丁 5 g、蔓越莓干 20 g、红枣 130 g、红糖 130 g
	调味料	玉米油 30 ml、蜂蜜 15 ml、盐 1 g、泡打粉 1 g、朗姆酒 20 g
加工步骤		1. 红枣洗净晾干后去核,切成碎粒备用。 2. 倒入牛奶、蜂蜜和白朗姆酒(可不加朗姆酒,只加牛奶和蜂蜜),搅拌均匀,静置,泡 15 min 左右,充分吸收水分备用。 3. 鸡蛋提前从冰箱中拿出,回温至室温,打入干净无油无水的不锈钢小盆中。大一点的盆盛 40～50℃ 温热水。隔着盆,水浴加温打发。 4. 然后用电动打蛋器打发全蛋液。用打蛋器中速挡,搅打鸡蛋出粗鱼眼泡,放入约 1/3 的红糖,继续打发。 5. 打至小细泡时,再加入剩下的那 2/3 红糖,继续高速打发。 6. 持续打发约 10 min,至全蛋液出现清晰的堆积纹路,且持续约 1 min 不消失。然后,现在加入 60 g 的玉米油,用打蛋器拌匀。 7. 倒入约 1/2 的泡好的红枣粒,用刮刀快速翻切拌匀。 8. 再倒入剩下 1/2 泡好的红枣粒,用翻切法快速拌匀。 9. 低筋面粉分两次筛入。先筛入 1/2 的低筋面粉,用翻切和划切法快速拌匀(泡打粉和盐提前与低筋面粉混合均匀)。再筛入剩下的 1/2 低筋面粉。 10. 翻切拌匀。 11. 倒入铺好油纸的 8 寸方盘模具。为防止枣糕长高后漫出方盘边沿,可用硬纸板和订书钉制作围栏。 12. 放入提前 10 min 预热好的烤箱,170℃ 烤 50 min 左右。注意观察,并用牙签扎孔,拔出后牙签上干净无粘连,说明烤熟、烤透了
技术关键		鸡蛋打发蓬松、烤制时间把控
成品特点		枣味扑鼻,切块整齐
类似菜品		蛋糕卷

第二部分　设备标准服务

一　热菜设备使用说明及维护

名称	二、四、六、八眼平台灶
品牌	百厨
规格	L400＊W760＊H800 L700＊W760＊H800 L1 050＊W760＊H800 L1 400＊W760＊H800
功率	7 kW/14 kW/21 kW/28 kW
电压	380 V

用途及适用产品	煲仔菜品加温
设备操作流程	1. 检查设备,开关在"归零"挡。 2. 放置锅具时注意底部清洁,并轻拿轻放,严禁空锅运行。 3. 设备工作时无异响、异味,各项功能显示正常。 4. 根据菜品制作工艺,调整火力挡位,严禁瞬间反复换火力挡。 5. 作业结束后,挡位归零,取消待机,关闭电源开关
注意事项	1. 机芯忌湿、忌水。 2. 勿遮挡显示屏。 3. 严禁炉底部冲水及堵塞炉底部进出风口。 4. 机内有高压。切勿私自拆机维修,应找相关技术人员更换。 5. 电源线损坏,须由制造厂家技师或者相关专职人员更换。 6. 严禁用尖锐物品敲击玻璃微晶板。 7. 如玻璃微晶板破裂,立即停止使用,切断电源,通知厂家更换。 8. 锅具材质通常为不锈铁、铁,或铁底板复合板。不锈钢材质的发热效率会降低,属于正常情况。当锅具加热时产生持续"滋滋"异响,应及时停机,防止设备损坏或寿命降低。 9. 设备外接电源须按规定安装单独漏电保护断路器

续 表

维护事项	1. 清洁应在关闭电源后进行，严禁水流直接清洗，也不能用蒸汽清洁器及类似的方法清洁，应用抹布擦拭清洁。 2. 为保证机芯有良好的散热效果，建议每月清洁一次风机进风口。 3. 设备防水等级为 IPX-4，表面清洁时勿用水冲洗，特别是后板、底板、侧板与显示面板组合处，作业时用抹布擦拭

名称	电磁炒锅
品牌	百厨
规格	L650 * W800 * H800
功率	12 kW
电压	380 V

用途及适用产品	炒菜、烧菜
设备操作流程	1. 检查设备，开关在"归零"挡。 2. 锅具放置时需注意底部清洁，轻拿轻放，严禁空锅运行。 3. 设备工作时无异响、异味，各项功能显示正常。 4. 根据菜品制作工艺，调整火力挡位，严禁瞬间反复换火力挡。 5. 作业结束后，挡位归零，消待机，关闭电源开关
注意事项	1. 机芯忌湿、忌水。 2. 勿遮挡显示屏。 3. 严禁炉底部冲水及堵塞炉底部进出风口。 4. 机内有高压，切勿私自拆机维修，应找相关技术人员更换。 5. 电源线损坏，须由制造厂家技师或者相关专职人员更换。 6. 严禁用尖锐物品敲击玻璃微晶板。 7. 如玻璃微晶板破裂，立即停止使用，切断电源，通知厂家更换。 8. 锅具材质通常为不锈铁、铁，或铁底板复合板。不锈钢材质的发热效率会降低，属于正常情况。当出现锅具加热时产生持续"滋滋"异响时，应及时停机，防止设备损坏或寿命降低。 9. 设备外接电源须按规定安装单独漏电保护断路器
维护事项	1. 清洁应在关闭电源后进行，严禁水流直接清洗，也不能用蒸汽清洁器及类似的方法清洁，应用抹布擦拭清洁。 2. 为保证机芯有良好的散热效果，建议每月清洁一次风机进风口

名称	平台雪柜
品牌/产地	格林斯达/广州
规格	L1 800 * W760 * H800 L1 500 * W760 * H800
功率	0.4 kW
电压	220 V

用途及适用产品	储备原料
设备操作流程	1. 新机启动后,24 h 连续工作
注意事项	1. 电压必须在设备要求范围内,否则,应配备稳压器。 2. 务必接地线,地线不可接在自来水管或煤气管上。 3. 为保护压缩机,断电停机后 5 min 内勿再次启动。 4. 同一插座不可再连接其他电器。 5. 电源线损坏应找专业人员维修。 6. 具有灯具照明的产品更换灯具时,灯具功率不得超过铭牌标称最大功率值。 7. 严禁遮挡压缩机箱体,保持通风散热。 8. 设备外接电源须按规定安装单独漏电保护断路器
维护事项	1. 要保持冷柜干燥、清洁、建议定期(每月)清洁保养箱体。 2. 清洁时先拔掉电源,用软布擦拭柜内外。 3. 严禁用盆水冲洗箱体,以免电路短路

名称	平台冷冻柜
品牌/产地	格林斯达/广州
规格	L1 800 * W760 * H800 L1 500 * W760 * H800
功率	0.4 kW
电压	220 V

用途及适用产品	储备原料
设备操作流程	1. 新机启动后,24 h 连续工作
注意事项	1. 电压必须在设备要求范围内,否则,应配备稳压器。 2. 务必接地线,地线不可接在自来水管或煤气管上。 3. 为保护压缩机,断电停机后 5 min 内勿再次启动冷柜。 4. 同一插座不可再连接其他电器。 5. 电源线损坏应找专业人员维修。 6. 具有灯具照明的产品更换灯具时,灯具功率不得超过铭牌标称最大功率值。 7. 严禁遮挡压缩机箱体,保持通风散热。 8. 设备外接电源须按规定安装单独漏电保护断路器

续 表

维护事项	1. 要保持冷柜干燥、清洁,建议定期(每月)清洁保养箱体。 2. 清洁时先拔掉电源,用软布擦拭柜内外。 3. 严禁用盆水冲洗箱体,以免电路短路

名称	功夫鱼灶
品牌	百厨
规格	L1 800 * W900 * H800 内径:650,高:180
功率	10 kW/380 V * 2 + 2.2 kW/220 V
电压	380 V

用途及适用产品	炖功夫鱼
设备操作流程	1. 检查设备,开关在"归零"挡。 2. 锅具放置时需注意底部清洁,严禁空锅运行。 3. 设备工作时无异响、异味,各项功能显示正常。 4. 根据菜品制作工艺,调整火力挡位,严禁瞬间反复换火力挡。 5. 作业结束后,挡位归零,取消待机,关闭电源开关
注意事项	1. 机芯忌湿、忌水。 2. 勿遮挡显示屏。 3. 严禁炉底部冲水及堵塞炉底部进出风口。 4. 机内有高压,切勿私自拆机维修,应找相关技术人员更换。 5. 电源线损坏,须由制造厂家技师或者相关专职人员更换。 6. 如果灶面或锅具开裂,应立即切断电磁炉或有关部件的电源。 7. 设备外接电源须按规定安装单独漏电保护断路器
维护事项	1. 清洁应在关闭电源后进行,严禁水流直接清洗,也不能用蒸汽清洁器及类似的方法清洁,应用抹布擦拭清洁。 2. 为保证机芯有良好的散热效果,建议每月清洁一次风机进风口

名称	牛大骨灶
品牌	百厨
规格	L900 * W900 * H800 内径:650,高:300
功率	10 kW
电压	380 V

用途及适用产品	炖牛大骨

续 表

设备操作流程	1. 检查设备,开关在"归零"挡。 2. 锅具放置时需注意底部清洁,严禁空锅运行。 3. 设备工作时无异响、异味,各项功能显示正常。 4. 根据菜品制作工艺,调整火力挡位,严禁瞬间反复换火力挡。 5. 作业结束后,挡位归零,取消待机,关闭电源开关
注意事项	1. 机芯忌湿、忌水。 2. 勿遮挡显示屏。 3. 严禁炉底部冲水及堵塞炉底部进出风口。 4. 机内有高压,切勿私自拆机维修,应找相关技术人员更换。 5. 电源线损坏,须由制造厂家技师或者相关专职人员更换。 6. 如果灶面或锅具开裂,应立即切断电源。 7. 设备外接电源须按规定安装单独漏电保护断路器
维护事项	1. 清洁应在关闭电源后进行,严禁水流直接清洗,也不能用蒸汽清洁器及类似的方法清洁,应用抹布擦拭清洁。 2. 为保证机芯有良好的散热效果,建议每月清洁一次风机进风口

名称	煮面、烫菜机(含汁箱)
品牌	百厨
规格	L700 * W800 * H800
功率	12 kW
电压	380 V

用途及适用产品	烫菜、煮面
设备操作流程	1. 检查设备,开关在"归零"挡。 2. 锅具放置时需注意底部清洁,严禁空锅运行。 3. 设备工作时无异响、异味,各项功能显示正常。 4. 根据菜品制作工艺,调整火力挡位,严禁瞬间反复换火力挡。 5. 作业结束后,挡位归零,取消待机,关闭电源开关
注意事项	1. 机芯忌湿、忌水。 2. 勿遮挡显示屏。 3. 严禁炉底部冲水及堵塞炉底部进出风口。 4. 机内有高压,切勿私自拆机维修,应找相关技术人员更换。 5. 电源线损坏,须由制造厂家技师或者相关专职人员更换。 6. 如果灶面或锅具开裂,应立即切断电磁炉或有关部件的电源。 7. 作业时需检查水槽水位,严禁干烧。 8. 设备外接电源须按规定安装单独漏电保护断路器
维护事项	1. 清洁应在关闭电源后进行,严禁水流直接清洗,也不能用蒸汽清洁器及类似的方法清洁,应用抹布擦拭清洁。 2. 为保证机芯有良好的散热效果,建议每月清洁一次风机进风口

名称	备料展柜
品牌/产地	格林斯达/广州
规格	L1 250 * W760 * H1 950
功率	1 kW
电压	220 V

用途及适用产品	展示原材料、保鲜
设备操作流程	1. 新机启动后,24 h 连续工作
注意事项	1. 电压高于或低于要求电压时,应加装适当容量的交流电源稳压器后再使用,以免损坏电器零件。 2. 不能在内部放置酒精、黏合剂、易挥发的化学物品以及有腐蚀性的物品,以防发生内部材料侵蚀和意外事故。 3. 勿向柜体下部机组部位泼水,这样会造成机组电器短路或触电。 4. 不得自行拆除改装设备,防止因参数不当和绝缘性能过低引起的安全事故。 5. 禁止使用可燃性喷雾。请勿在近处使用可燃性喷雾或放置可燃物,因为电器开关的电火花会造成火灾。 6. 顶面严禁存放任何物品,避免玻璃破碎。 7. 严禁遮挡压缩机箱体散热口,保持通风散热。 8. 设备外接电源须按规定安装单独漏电保护断路器
维护事项	1. 定期清洁:使用柔软的干布或微湿的棉布擦拭展柜内外表面,去除灰尘和污垢。避免使用粗糙的抹布或含有磨粒的清洁剂,以免划伤展柜表面。对于难以清洁的污渍,可以使用适量的温和无腐蚀性清洁剂,并注意避免清洁剂残留。 2. 环境控制:控制展柜内的温度和湿度,避免温度变化和过度潮湿。可以使用温湿度传感器和自动调节系统来保持适宜的环境条件。尽量避免将展柜放置在阳光直射的地方,以减少紫外线对展柜和商品的损害。 3. 照明管理:选择适宜的照明设备,确保光照强度和色温适合展示商品,避免过强的光线对商品造成损害。定期清洁灯罩和灯泡,确保照明设备的正常运转。定期更换老化的照明设备,以保持良好的照明效果。 4. 预防性维护:定期检查展柜的各个部件,包括锁具、玻璃、陈列架等,确保其完好无损。如有损坏或老化部件,及时维修或更换。 5. 安全注意:避免在展柜顶部或周围堆放过多物品,以免对展柜造成过大的压力。确保展柜周围没有易燃物品,并定期检查电路和电器的安全性。对于贵重商品,可以安装报警系统和监控设备来提高防盗性能。 6. 专业保养与维护:除了日常的保养工作外,还可以考虑定期对展柜进行专业的保养与维护。这包括清洁内部难以触及的地方、检查并更换老化的密封条、调整照明角度等。专业的保养与维护可以确保展柜始终保持良好的工作状态和展示效果

名称	玻璃展柜
品牌/产地	格林斯达/广州
规格	L1 200＊W700＊H1 600（0～－5℃）
功率	1 kW
电压	220 V

用途及适用产品	菜品展示、保鲜、存储
设备操作流程	1. 新机启动后,24 h连续工作
注意事项	1. 电压高于或低于要求电压时,应加装适当容量的交流电源稳压器后再使用,以免损坏电器零件。 2. 不能在内部放置酒精、黏合剂、易挥发的化学物品以及有腐蚀性的物品,以防发生内部材料侵蚀和意外事故。 3. 勿向柜体下部机组部位泼水,这样会造成机组电器短路或触电。 4. 不得自行拆除改装设备,防止因参数不当和绝缘性能过低引起的安全事故。 5. 禁止使用可燃性喷雾。请勿在近处使用可燃性喷雾或放置可燃物,因为电器开关的电火花会造成火灾。 6. 顶面严禁存放任何物品,避免玻璃破碎。 7. 严禁遮挡压缩机箱体散热口,保持通风散热。 8. 设备外接电源须按规定安装单独漏电保护断路器
维护事项	1. 为了能使制冷设备长期运转,并能保持清洁,应定期维护保养。 2. 请勿向其直接泼水,这会造成电器部分漏电。 3. 维修时应先断掉电源。 4. 勿使用去污物、酸类、挥发油、汽油等会造成材料损伤的物质。 5. 每两个月清洗一次冷凝器,清洗时勿用手直接触摸冷凝器翅片,这样有可能受伤。 6. 清洗时确认电源插头拔下。 7. 保养完毕后,确认电源插头是否插好在电源插座上

名称	铁板
品牌	百厨
规格	L1 100＊W800＊H800 L900＊W800＊H800
功率	12 kW/8 kW
电压	380 V

用途及适用产品	炒菜、煎炒
设备操作流程	1. 检查设备,开关在"归零"挡。 2. 设备工作时无异响、异味,各项功能显示正常。 3. 根据菜品制作工艺,调整火力挡位,严禁瞬间反复换火力挡。 4. 作业结束后,挡位归零,取消待机,关闭电源开关

续 表

注意事项	1. 防止炉面烫伤。 2. 防止失控高温。 3. 烧菜前预热。 4. 炉面不可放置易燃物品。 5. 撞击铁板表面不得用尖锐物品，以免破坏铁板表层光洁度。 6. 设备外接电源须按规定安装单独漏电保护断路器
维护事项	1. 油盒定时清洗，保持清洁。 2. 定时检查线路。 3. 铁板表面用尼龙百洁布擦拭，保持铁板表面光亮洁净

名称	暖碟柜
品牌	百厨
规格	L1 500 * W760 * H800
功率	2.5 kW
电压	220 V

用途及适用产品	加热、风干餐具
设备操作流程	1. 开机后，先预热到45℃。 2. 摆放餐具，温度最高升至75℃（工作温度）。 3. 作业结束后，关闭电源开关
注意事项	1. 电压必须在设备要求范围内，否则，应配备稳压器。 2. 务必接地线，地线不可接在自来水管或煤气管上。 3. 为保护热风机组，断电停机后5 min内勿再次启动暖柜。 4. 同一插座不可再连接其他电器。 5. 电源线损坏应找专业人员维修。 6. 设备外接电源须按规定安装单独漏电保护断路器
维护事项	1. 保持暖柜干燥、清洁，建议定期（每月）箱体清洁保养。 2. 清洁时先拔掉电源，用软布擦拭柜内外。 3. 严禁用盆水冲洗箱体，以免电路短路

名称	四门冷藏柜
品牌/产地	格林斯达/广州
规格	L1 220 * W750 * H1 950
功率	1 kW
电压	220 V

续表

用途及适用产品	冷藏、保鲜原材料
设备操作流程	1. 新机启动后,24 h连续工作
注意事项	1. 电压必须在设备要求范围内,否则,应配备稳压器。 2. 务必接地线,地线不可接在自来水管或煤气管上。 3. 为保护压缩机,断电停机后 5 min 内勿再次启动冷柜。 4. 同一插座不可再连接其他电器。 5. 电源线损坏应找专业工作者维修。 6. 具有灯具照明的产品更换灯具时,灯具功率不得超过铭牌标称最大功率值。 7. 严禁遮挡压缩机箱体散热口,保持通风散热。 8. 设备外接电源须按规定安装单独漏电保护断路器
维护事项	1. 要保持冷柜干燥、清洁,建议定期(每月)清洁保养箱体。 2. 清洁时先拔掉电源,用软布擦拭柜内外。 3. 严禁用盆水冲洗箱体,以免电路短路

二 烧烤设备使用说明及维护

名称	烤串炉
品牌	百厨
规格	L1 300 * W340 * H310
功率	12 kW
电压	380 V

用途及适用产品	烤羊肉串、羊腰子
设备操作流程	1. 检查设备是否接有地线保护装置。 2. 一键启动,分 3 组加热区域。 3. 可分控,根据生产量调整温区范围。 4. 作业结束后,挡位归零,取消待机,关闭电源开关
注意事项	1. 按国标 TN-S 接线规范安装本设备。 2. 地线不许断线,更不许进入漏电开关,中性线不得重复接地。 3. 设备外接电源须按规定安装单独漏电保护断路器。 4. 定时检修漏电断路器,不达标应立即更换。 5. 设备连续工作时间不得超过 3 h。 6. 使用完毕后,应立即切断电源。 7. 设备置放处须保持干燥通风
维护事项	1. 严禁水洗,严禁非专业人员拆卸。 2. 保持炉面及炉体清洁、干燥。 3. 定期检测开关及电源线路。 4. 发现异常应及时上报专业人员。 5. 加热管表面用干燥的尼龙百洁布反复干擦拭,保持加热管表面光亮洁净

名称	电磁高锅炖灶
品牌	百厨
规格	L700 * W760 * H800 内径:450,高:400
功率	12 kW
电压	380 V

用途及适用产品	煮羊腿、羊排
设备操作流程	1. 检查设备,开关在"归零"挡。 2. 锅具放置时需注意底部清洁,严禁空锅运行。 3. 设备工作时无异响、异味,各项功能显示正常。 4. 根据菜品制作工艺,调整火力挡位,严禁瞬间反复换火力挡。 5. 作业结束后,挡位归零,取消待机,关闭电源开关
注意事项	1. 机芯忌湿、忌水。 2. 勿遮挡显示屏。 3. 严禁炉底部冲水及堵塞炉底部进出风口。 4. 机内有高压,切勿私自拆机维修,应找相关技术人员更换。 5. 电源线损坏,须由制造厂家技师或者相关专职人员更换。 6. 如果灶面或锅具开裂,应立即切断电磁炉或有关部件的电源。 7. 设备外接电源须按规定安装单独漏电保护断路器
维护事项	1. 清洁应在关闭电源后进行,严禁水流直接清洗,也不能用蒸汽清洁器及类似的方法清洁,应用抹布擦拭清洁。 2. 为保证机芯有良好的散热效果,建议每月清洁一次风机进风口

名称	平台雪柜
品牌/产地	松下(三洋)/日本
规格	L1 800 * W760 * H800 L1 500 * W760 * H800
功率	0.4 kW
电压	220 V

用途及适用产品	储备原料
设备操作流程	1. 新机启动后,24 h 连续工作
注意事项	1. 电压必须在设备要求范围内,否则,应配备稳压器。 2. 务必接地线,地线不可接在自来水管或煤气管上。 3. 为保护压缩机,断电停机后 5 min 内勿再次启动冷柜。 4. 同一插座不可再连接其他电器。 5. 电源线损坏应找专业工作者维修。 6. 具有灯具照明的产品更换灯具时,灯具功率不得超过铭牌标称最大功率值。 7. 严禁遮挡压缩机箱体散热口,保持通风散热。 8. 设备外接电源须按规定安装单独漏电保护断路器

续 表

维护事项	1. 要保持冷柜干燥、清洁,建议定期(每月)清洁保养箱体。 2. 清洁时先拔掉电源,用软布擦拭柜内外。 3. 严禁用盆水冲洗箱体,以免电路短路

名称	羊棒酱烧一体灶
品牌	百厨
规格	L1 000 * W760 * H800
功率	10 kW + 8 kW
电压	380 V

用途及适用产品	酱羊棒、烧羊棒骨
设备操作流程	1. 检查设备,开关在"归零"挡。 2. 锅具放置时需注意底部清洁,严禁空锅运行。 3. 设备工作时无异响、异味,各项功能显示正常。 4. 根据菜品制作工艺,调整火力挡位,严禁瞬间反复换火力挡。 5. 作业结束后,挡位归零,取消待机,关闭电源开关
注意事项	1. 机芯忌湿、忌水。 2. 勿遮挡显示屏。 3. 严禁炉底部冲水及堵塞炉底部进出风口。 4. 机内有高压,切勿私自拆机维修,应找相关技术人员更换。 5. 电源线损坏,须由制造厂家技师或者类似专职人员更换。 6. 如果灶面或锅具开裂,应立即切断电磁炉或有关部件的电源。炸炉温度最高值为220℃。 7. 设备外接电源须按规定安装单独漏电保护断路器
维护事项	1. 清洁应在关闭电源后进行,严禁水流直接清洗,也不能用蒸汽清洁器及类似的方法清洁,应用抹布擦拭清洁。 2. 为保证机芯有良好的散热效果,建议每月清洁一次风机进风口。 3. 下班前清洗油池,清水冲洗两遍后,用抹布擦拭干净,以保持干燥,防止池内生锈。 4. 池内下油管道须清洗干净,食物残留要及时取出,以免堵塞油管,或产生异味

名称	万能蒸烤箱
品牌/产地	RATIONAL/德国
规格	L847 * W771 * H782
功率	11 kW
电压	380 V

续 表

用途及适用产品	烤羊腿、羊排
设备操作流程	1. 检查电源线电闸打开、上水系统是否打开,确认完毕后开机。烤箱接通后会自动自检。 2. 蒸。设备先预热,按归类设置湿度、温度、时间等,或者使用探针,观察,然后操作。 3. 烤。设备先预热,同样归类设置湿度、温度、时间等设置,然后操作
注意事项	1. 不得私自拆箱调试,必须提前3天通知厂家去现场安装。 2. 智能程序清洁。指示灯为绿色是最佳状态,红色则需要清洁。 3. 红色药品放在风扇叶轮插槽里,蓝色药品放在仓体下方的小盒子里(4片),关门清洗,完毕后鸣叫毕机。 4. 仓门一定要打开至90°,避免烤盘来回碰撞玻璃门后造成仓门破损。防止仓内高温造成爆裂
维护事项	1. 打开仓门,清除风机罩、挡风板的积碳,2~3天清洁一次。 2. 门玻璃拆开,清洁;双手拽下接油槽,清洗后安装;滤槽拆洗空气;门封条也要经常擦洗。 3. 拿喷枪要双手,呈90°,轻按。使用完毕缓慢放回,避免设备内部轴承被打坏。 4. 探针不用时一定要放回插槽,避免被热风打得到处乱飞。 5. 门封条保养最重要,要经常维护,擦拭干净。 6. 烤箱积碳特别严重的情况下,加入水,避免油脂过多飞入挡风板

三　面点设备使用说明及维护

名称	四孔蒸灶
品牌	百厨
规格	L700 * W800 * H800
功率	10 kW
电压	380 V

用途及适用产品	蒸莜面、杂粮、蒸饺
设备操作流程	1. 检查设备,开关在"归零"挡。 2. 设备工作时无异响、异味,各项功能显示正常。 3. 根据面点制作工艺,调整火力挡位,严禁瞬间反复换火力挡。 4. 作业结束后,挡位归零,取消待机,关闭电源开关

续 表

注意事项	1. 机芯忌湿、忌水。 2. 勿遮挡显示屏。 3. 严禁炉底部冲水及堵塞炉底部进出风口。 4. 机内有高压,切勿私自拆机维修,应找相关技术人员更换。 5. 电源线损坏,须由制造厂家技师或者类似专职人员更换。 6. 如果灶面或锅具开裂,应立即切断电磁炉或有关部件的电源。 7. 作业时需检查水槽水位,严禁干烧。 8. 设备外接电源须按规定安装单独漏电保护断路器
维护事项	1. 清洁应在关闭电源后进行,严禁水流直接清洗,也不能用蒸汽清洁器及类似的方法清洁,应用抹布擦拭清洁。 2. 为保证机芯有良好的散热效果,建议每月清洁一次风机进风口

名称	智能蒸柜
品牌/产地	瑞克/深圳
规格	L736 * W800 * H900
功率	9 kW
电压	380 V

用途及适用产品	蒸制莜面
设备操作流程	1. 开机后预热至95℃,设定蒸制时间。 2. 设定运行温度为110℃,根据菜品要求调整蒸制时间,设备会依据输入后的数据记忆,自动运行。 3. 作业结束后,挡位归零,取消待机,关闭电源开关。
注意事项	1. 设备需平放,不能倾斜。 2. 运行时内部蒸汽温度较高,避免接触,以免烫伤。 3. 刚蒸好的食物碗碟温度也很高,注意安全,穿戴好防护装备。 4. 不要用水管或高压水枪冲洗电箱及其他电气元件。 5. 设备外接电源须按规定安装单独漏电保护断路器
维护事项	1. 每天清洁蒸柜内外,放完水缸中的水,拉开前下拉杆放水。 2. 建议自来水加装过滤设备及软水设备。 3. 电器维修必须由合格的电器技工进行。 4. 不可用喷射水流清洗设备,以防引起漏电危及人身安全

名称	搅拌机
品牌/产地	恒联/广州
规格	B20
功率	3 kW
电压	380 V

用途及适用产品	将面或莜面与水混合
设备操作流程	开机启动,投放食料
注意事项	1. 机器放置在干燥和水平地面,确保牢固。 2. 试机时不要装搅拌器具,以免转向相反而脱落,损坏机件。安装搅拌器时,搅拌轴上的挡销要与搅拌器的插口连接,安装到位,防止脱落。 3. 在使用之前,确保电源可靠连接,连接地线。 4. 确保不超过最大的面粉混合数量,最大搅拌量为每次 5 kg 干面粉。 5. 在启动之前放下安全罩;停机后变速,禁止用中速或高速和面。 6. 严禁用手触摸搅轴。 7. 外接电源须按规定安装单独漏电保护断路器
维护事项	1. 每次使用后,认真清洁料桶、搅拌器等,确保饮食卫生。 2. 升降导轨上应定期涂少量润滑油。 3. 变速箱在出厂时已加入优质润滑脂,一般情况下可以用半年。需加入或更换润滑脂时,必须拆下上盖及轴承座盖

名称	压面机
品牌/产地	万寿山/北京
规格	L450 * W450 * H460
功率	3.5 kW
电压	220 V

用途及适用产品	使面成形,增加面筋度
设备操作流程	1. 拆下对滚式切面辊,调节两压面辊间隙为 2.5～3 mm。 2. 开机,把和好的面团放至送料板,引入压面辊之间,反复辊制 4～5 次。 3. 最后调节压面辊间隙至 1.5 mm,复压一次
注意事项	1. 检查电源电压是否与本机使用电压相符。 2. 使用前应先检查机器,清除机内污物。在齿轮及轴承处加润滑油(食用油)。 3. 在开机状态下严禁手指触摸压面滚轴。 4. 设备外接电源须按规定安装单独漏电保护断路器

维护事项	1. 机器清洗干净,并在各零件表面抹上食用油,以防生锈。不得用水直接冲洗。 2. 有异常响动应与专业维修人员联系,非专业人员勿动

名称	电饼铛
品牌/产地	威尔宝/广州
规格	L450 * W550 * H290
功率	3 kW
电压	220 V

用途及适用产品	煎、烙面点
设备操作流程	1. 开机预热。 2. 锅体表层涂油预热,根据菜品要求调整火力
注意事项	1. 不要在易燃、易爆的物品周围及潮湿的场所使用电热铛。严禁在露天或淋雨的状态下使用。 2. 不宜长时间空烧,连续工作时间不得超过 24 h。 3. 设备外接电源须按规定安装单独漏电保护断路器
维护事项	1. 检查电源电压是否与本机使用电压相符。 2. 使用前应先检查机器,清除机内污物。 3. 使用完毕后,把机器清洗干净,并在各零件表面抹上一些食用油,以防生锈。 4. 不得用水直接冲洗

四 凉菜档口设备使用说明及维护

名称	双眼电磁炉
品牌	百厨
规格	L400 * W800 * H800
功率	3.5 kW
电压	380 V

用途及适用产品	炒菜

续 表

设备操作流程	1. 检查设备,开关在"归零"挡。 2. 锅具放置时需注意底部清洁,轻拿轻放,严禁空锅运行。 3. 设备工作时无异响、异味,各项功能显示正常。 4. 根据菜品制作工艺,调整火力挡位,严禁瞬间反复换火力挡。 5. 作业结束后,挡位归零,取消待机,关闭电源开关
注意事项	1. 机芯忌湿、忌水。 2. 勿遮挡显示屏。 3. 严禁炉底部冲水及堵塞炉底部进出风口。 4. 机内有高压,切勿私自拆机维修,应找相关技术人员更换。 5. 电源线损坏,须由制造厂家技师或者类似专职人员更换。 6. 严禁尖锐物品敲击玻璃微晶板。 7. 如玻璃微晶板破裂,立即停止使用,切断电源,通知厂家更换。 8. 使用锅具材质通常为不锈铁、铁,或铁底板复合板。不锈钢材质的发热效率会降低,属于正常情况。注意锅具加热时产生持续"滋滋"异响应及时停机,防止设备损坏或寿命降低。 9. 设备外接电源须按规定安装单独漏电保护断路器
维护事项	1. 清洁应在关闭电源后进行,严禁水流直接清洗,也不能用蒸汽清洁器及类似的方法清洁,应用抹布擦拭清洁。 2. 为保证机芯有良好的散热效果,建议每月清洁一次风机进风口。 3. 设备防水等级为IPX-4,表面清洁时勿用水冲洗,特别是后板、底板、侧板与显示面板组合处,作业时用抹布擦拭

名称	速冻柜
品牌/产地	格林斯达/广州
规格	L595 * W628 * H830 -24 ℃
功率	3 kW
电压	220 V

用途及适用产品	速冻成品
设备操作流程	1. 通电、通水,排水畅通,保持设备24 h运转
注意事项	1. 不用利器铲冰。 2. 所放物品不能超重。 3. 严禁遮挡压缩机箱体散热口,保持通风散热。 4. 设备外接电源须按规定安装单独漏电保护断路器
维护事项	1. 禁止倒置。 2. 禁止堵塞蒸发器。 3. 保证散热

	名称	冷藏醒发箱
	品牌/产地	三麦/江苏
	规格	L620 * W1 200 * H2 100
	功率	1.8 kW
	电压	220 V

用途及适用产品	醒发酸奶。一机两用,具有醒发和冷藏功能
设备操作流程	1. 根据《操作说明》设定好参数,按电源开关键即开始工作。 2. 按"手动/自动"功能键,进入手动或自动运行状态,执行相对应的操作。 3. 按"现在时间"进入现在时间设定状态。按"现在时间"右键可选择不同的时间单位,按"上"或"下"可修改时间,设定完毕按"现在时间"返回。 4. 在手动状态下,按"设定"进入手动参数设定。此时"设定时间""设定温度"和"设定的时分"窗口会闪烁,显示手动工作参数。按"冷藏"或"醒发1"可选择不同的手动状态。设定完毕按"设定"返回。更改时间后下次按新时间工作。 5. 在自动状态下,按"设定"进入自动参数设定,此时"设定时间""设定温度"和"设定的时分"窗口会闪烁,显示自动工作参数。按"冷藏""醒发1"可选择不同的自动参数,对应的指示灯会闪烁,"现在时间的时分"窗口会显示对应的自动状态。设定完毕按"设定"返回。自动过程更改后按新时间工作。 注意 醒发时,醒发温度设定0~50℃,加温灯亮时表示在加温;一般选择－10℃之内冷藏产品
注意事项	1. 地面平坦。 2. 机器上方要有30 cm以上空间方便散热与保养。 3. 机器就位,等待2 h后方可通电。 4. 适用温度:醒发最高温度50℃,冷藏最低温度－10℃
维护事项	1. 用完后关闭电源开关,须面板上所有开关处于关闭状态。 2. 保持箱内的清洁,用完后把箱体内多余的水擦干净,同时擦洗两边的托板。 3. 经常检查电源进线,出现破损或裂痕应及时更换。 注意 在冷藏过程中,开门放入食品后,不能马上再开门,否则很难开关,有可能拉坏拉手! 警告 不得喷水清洗,也不得用泼水的方式清洗,以防漏电伤人!

	名称	榨汁机
	品牌/产地	力人/北京
	规格	3.5 L
	功率	1 kW
	电压	220 V

续 表

用途及适用产品	榨沙棘汁
设备操作流程	1. 沙棘清洗干净后,放入榨汁机。 2. 插上电源,打开开关,榨汁即可
注意事项	1. 水平放置。 2. 所放物品不能超量。 3. 榨汁过程中盖子要盖紧
维护事项	1. 禁止倒置。 2. 使用后及时清洗

名称	电子秤
品牌/产地	百利达/上海
规格	1 kg
功率	1 kW
电压	220 V

用途及适用产品	出餐称重
设备操作流程	1. 打开电子秤。 2. 调整数据。 3. 打出单价。 4. 所称物品放置在电子秤托盘上。 5. 称重
注意事项	1. 水平放置。 2. 所放物品不能超重
维护事项	禁止倒置

名称	柠檬机
品牌/产地	德尔/广州
规格	L200 * W150 * W165
功率	0.5 kW
电压	220 V

用途及适用产品	柠檬榨汁

续 表

设备操作流程	1. 将柠檬切成两半。 2. 根据水果大小,选择合适的锥头,将水果放在锥子上。 3. 插上电源,手按压水果,机器开始工作,手松开机器停止工作
注意事项	1. 水平放置。 2. 手按用力不能过大
维护事项	1. 禁止倒置。 2. 用完及时清洗

第三部分　菜肴常用烹饪方法

一　炸

（1）烹调工艺介绍　以多量食油，旺火加热，使原料成熟的烹调方法。可用于整只原料（如整鸡、整鸭等），也用于经加工的丁、片、丝、条、块、角、小型原料。

（2）成品特点　酥、脆、松、香。

二　干炸

（1）烹调工艺介绍　原料码味后经拍粉或挂糊，再入油锅炸制的方法。

（2）成品特点　酥、脆、松、香。

三　软炸

（1）烹调工艺介绍　将质嫩、形小的原料用调味品拌渍后，挂薄糊入油锅炸制的方法。通常先用五六成油温炸至断生后，再用七八成热油复炸即出。

（2）成品特点　酥、脆、松、香。

四　清炸

（1）烹调工艺介绍　原料不经挂糊、上浆，调味后即投入油锅内炸制的方法。一般先用五六成油温把原料炸至八成熟捞出，再入八九成热油中复炸一遍成熟。

（2）成品特点　酥、脆、松、香。

五　松炸

（1）烹调工艺介绍　将加工整理好的原料挂蛋泡糊，入油锅炸制的方法。

（2）成品特点　酥、脆、松、香。

六 酥炸

(1) 烹调工艺介绍　经调味后煮或蒸熟烂的原料挂全蛋糊（或不挂），用油炸制的方法。一般用六七成油温炸，炸到外皮深黄色并发酥为止。

(2) 成品特点　酥、脆、松、香。

七 香炸

(1) 烹调工艺介绍　刀工处理过的主料经腌渍、拍粉、蘸蛋液，再蘸挂上碎屑料品或粉状物品（如面包屑、芝麻等），而后入油锅炸制的烹调方法。

(2) 成品特点　酥、脆、松、香。

八 油淋炸

(1) 烹调工艺介绍　主料先用白卤汤浸煮之后，挂一层糖浆（可用蜂蜜或饴糖水）。待其表皮风干后，将主料置于漏勺上，用手勺淋热油于主料上，使主料内外至熟的一种特殊的烹饪炸法。

(2) 成品特点　酥、脆、松、香。

九 纸包炸

(1) 烹调工艺介绍　原料用江米、威化纸、玻璃纸等包裹后，直接炸或挂糊后再炸制的一种烹调方法。

(2) 成品特点　酥、脆、松、香。

十 卷包炸

(1) 烹调工艺介绍　主料与配料加工后一起调味，用皮状的食品原料如豆皮、油皮、腐皮、网油等包裹后，直接入油锅中炸制或外面挂一层水淀粉糊（或蘸一层干淀粉）再炸制的烹调方法。

(2) 成品特点　酥、脆、松、香。

十一 脆炸

(1) 烹调工艺介绍　主料用皮状的食品原料如豆皮、油皮、腐皮、网油等包裹后，直接入油锅中炸制或外面挂一层糊再炸制的烹调方法。

(2) 成品特点　酥、脆、松、香。

十二 熘

(1) 烹调工艺介绍　将烹制好的熘汁浇淋在预熟好的主料上,或把主料投入熘汁中快速翻拌均匀成菜的烹调方法,又称溜。适用于新鲜的鸡、鸭、鱼、肉、蛋,以及质脆鲜嫩的蔬菜等原料。主料一般加工成块、片、丝、条、丁等形状,或用整只(如鱼类)。常用过油、汽蒸、焯水等方法初步熟处理,多旺火加热,快速操作,以保持主料酥脆或滑软或鲜嫩等的口感特点。

(2) 成品特点　脆、滑、软。

十三 脆熘

(1) 烹调工艺介绍　主料码味后挂糊,下油锅炸至外部酥脆、内部软嫩,然后把烹制的熘汁浇淋在主料上,或者与主料一起迅速翻拌均匀成菜的方法。

(2) 成品特点　脆。

十四 滑熘

(1) 烹调工艺介绍　主料上浆后以温油或沸水滑,再与熘汁一起翻拌成菜的方法。其成菜滑嫩鲜香。

(2) 成品特点　滑。

十五 软熘

(1) 烹调工艺介绍　主料有固体状(如鱼等)和流体状(如蛋液、鸡茸泥、鱼茸泥等)两种。直接在温油中浸炸,或蒸、烫、煮至熟;根据不同菜肴的要求,或将烹制的熘汁与主料翻拌在一起,或浇淋在主料上面而成菜。无论使用何种初步熟处理方法,都需保持主料软嫩如豆腐的特点。

(2) 成品特点　软。

十六 爆

(1) 烹调工艺介绍　沸油猛火急炒或沸水(汤)急烫,使小型原料快速致熟成菜的烹调方法。其烹制时间极短,仅在 10 s 左右,故适用于质嫩无骨且极为新鲜的动物性原料,如肚头、鸡鸭胗、墨鱼、猪腰子、肝、虾等,及剔去筋膜的牛、羊、鸡、鸭、猪瘦肉和鱼。为使爆制时成熟均匀,原料均须改刀成较小的丁、片或花刀块,有些原料可先经初步熟处理后再爆制。

(2) 成品特点　酥脆、软嫩。

十七　葱爆

（1）烹调工艺介绍　以大葱为主要配料兼调料的一种爆制方法。
（2）成品特点　酥脆、软嫩。

十八　酱爆

（1）烹调工艺介绍　将加工炒制好的酱汁包裹于过油或焯煮的鲜嫩主料上的烹调方法。
（2）成品特点　酥脆、软嫩。

十九　汤爆

（1）烹调工艺介绍　加工成花刀块或大薄片的主料在沸汤中快速焯至断生后,捞出放入碗内,用相当于两倍主料体积的沸汤调味,盛入主料碗内而成菜的方法。也有将胡椒面、葱椒泥、香菜分别盛装上桌,由食者自选调味。
（2）成品特点　软嫩。

二十　油爆

（1）烹调工艺介绍　主料不上浆,先在沸水中稍氽,再用八九成热的油速炸,然后急炒成菜的方法。主料上一层薄浆,用五六成热油滑透再急炒成菜的方法。
（2）成品特点　油酥。

二十一　芫爆

（1）烹调工艺介绍　以脆嫩或鲜嫩味充足的原料为主料,香菜(芫荽)为主要配料(兼为调料),保持菜品本色,无芡清淡的爆制烹调方法。
（2）成品特点　油酥、软嫩。

二十二　炒

（1）烹调工艺介绍　以少油旺火快速翻炒小型原料成菜的方法。适用于各类烹饪原料,因其成熟快,原料要求形体小,大块者要改刀成薄、细、小的丝、片、丁、条、末或花刀块,以利于均匀成熟入味。炒制时油量要小,锅先烧热,滑锅,旺火热油投料,翻炒手法要快均匀。成菜特点:汁或芡均少,并紧包原料,菜品鲜嫩,或滑脆,或干香。
（2）成品特点　清、爆、水。

二十三　抓炒

(1) 烹调工艺介绍　原为清宫廷菜中的烹调方法。刀功处理后的主料经过糊着衣处理,用手抓制过油后快速炒制的烹调方法。

(2) 成品特点　清、爆、水。

二十四　滑炒

(1) 烹调工艺介绍　主料上浆后用五六成热油滑散至断生,再以少量油与配料(或无配料)、调味料炒制成菜的方法。

(2) 成品特点　清、爆、水。

二十五　干煸

(1) 烹调工艺介绍　又称煸炒。主料不上浆,不滑油,直接用旺火热油速炒至断生而成菜的方法,也有经较长时间加热,将原料水分煸干再炒的。

(2) 成品特点　干、香。

二十六　软炒

(1) 烹调工艺介绍　又称湿炒、推炒、泡炒,用于液体原料(如牛奶)或加工成茸泥的固体原料。炒制时牛奶加蛋清搅成糊状,茸泥用清汤澥成糊状,用适量的油炒成粥状而成菜。

(2) 成品特点　清、爆、水。

二十七　熟炒

(1) 烹调工艺介绍　已制熟的原料经细加工后,再以少量油炒制成菜的方法。

(2) 成品特点　清、爆、水。

二十八　水炒

(1) 烹调工艺介绍　又称老炒,多用于蛋类原料。以水为传热介质,原料下锅后不断搅动炒制成菜的方法。成菜凝固成稠粥状,有少量清汤。

(2) 成品特点　清、爆、水。

二十九　小炒

（1）烹调工艺介绍　又称随炒，原料经码味、上浆，不过油，用适量油急火快炒成菜的方法。

（2）成品特点　清、爆、水。

三十　清炒

（1）烹调工艺介绍　又称煸炒。生料不上浆，不滑油，直接用旺火热油速炒至断生而成菜的方法。

（2）成品特点　清、爆、水。

三十一　生炒

（1）烹调工艺介绍　主料只有一种原料，没有配料或少有配料，突出本色，少汁爽口的炒制烹调方法。

（2）成品特点　清、爆、水。

三十二　烹

（1）烹调工艺介绍　原料经熟处理后，泼入调味汁，利用高温使味汁大部分汽化而渗入原料，并快速收干的烹调方法。主料多加工成小段、块。烹前需要按菜品味形预先调制好调味汁。由于有些地方熟处理多取炸法，故也有逢烹必炸之说。成菜特点：一般盘中无汁，味道醇厚，炸烹者外焦酥里软嫩。

（2）成品特点　外焦里嫩、炒、煎、炸。

三十三　煎烹

（1）烹调工艺介绍　原料经煎或半煎半炸后烹汁成菜的烹调方法。

（2）成品特点　外焦里嫩、炒、煎、炸。

三十四　炸烹

（1）烹调工艺介绍　主料码味并上一层薄浆或挂糊，用旺火热油炸制，烹汁成菜的方法。也有不上浆糊，直接炸制烹汁。

（2）成品特点　外焦里嫩、炒、煎、炸。

三十五　醋烹

(1) 烹调工艺介绍　因以醋为主要调味品,故名,常用于植物性原料,如河南烹辣椒;也有先将主料焯水后烹的,如醋烹土豆丝。

(2) 成品特点　外焦里嫩、炒、煎、炸。

三十六　烧

(1) 烹调工艺介绍　经过初步熟处理的原料加适量汤(或水),用旺火烧开,中、小火烧透入味,旺火收汁成菜的烹调方法。根据原料质地与具体菜肴的要求,在烧制前原料通常需经过汽蒸、过油、煸炒等处理以后烧制。烧菜的汤汁一般为原料的 1/4,并勾入芡汁(也有不加芡汁的),使之黏附在原料上。

(2) 成品特点　卤汁少而浓,口感软嫩而鲜香。

三十七　白烧

(1) 烹调工艺介绍　原料经过汽蒸、焯水等初步熟处理,加汤(或水)及盐等无色调味品烧制的方法。汤汁多为乳白色,勾芡宜薄,使其清爽悦目,色泽鲜艳。

(2) 成品特点　卤汁少而浓,口感软嫩而鲜香。

三十八　葱烧

(1) 烹调工艺介绍　原料经焯水等初步熟处理后加炸或炒黄的葱段、糊葱油及其他调味品烧制成菜的方法。也有把炸葱加汤蒸制后放在烧好的主料一边,以蒸葱的汤汁勾芡浇上的。一般烧成红色,成菜油亮光滑,具有葱香浓郁的特点。

(2) 成品特点　卤汁少而浓,口感软嫩而鲜香。

三十九　红烧

(1) 烹调工艺介绍　因成菜色泽为酱红色或红黄色而得名。原料烹制前一般经过焯水、过油、煎炒等方法制成半成品,以汤与带色的调味品(酱油、糖色等)烧成金黄色、柿黄色、浅红色、棕红色与枣红色,最后勾入芡汁(或不勾芡汁)收浓即成。

(2) 成品特点　卤汁少而浓,口感软嫩而鲜香。

四十　干烧

(1) 烹调工艺介绍　成菜汤汁全部渗入原料内部或裹覆在原料上的烧制方法。多为红烧。烧制时先将原料炸或煎上色后,再用中火慢烧,将汁自然收浓,或见油不见汁。在风味上有辣味和鲜咸的区别。

(2) 成品特点　卤汁少而浓,口感软嫩而鲜香。

四十一　扒

(1) 烹调工艺介绍　经过熟处理的原料整齐入锅,加汤水及调味品,小火烹制收汁,保持原形成菜装盘的烹调方法。通常用于制作筵席主菜。用料大多为高档原料,如海参等;或用于整只、整块的鸡、鸭、肘子等;或用于经过刀工处理的条、片等动植物原料。主料须经过汽蒸、焯水、过油等初步熟处理,有时需用复合的方法,使其入味后扒制。扒制前原料要拼摆成形,使其保持较整齐美观的形状。原料下锅时应平推或扒入,加汤汁也要缓慢,或沿锅边淋入,以防菜形散乱。烹制时用小火,避免汤汁翻滚影响菜形。如需勾芡,则淋芡、晃锅。有的在烹制完成后,主料装盘,留汤汁收浓后浇在菜肴上。

(2) 成品特点　主料软烂,汤汁浓醇,菜汁融合,丰满华润,光泽美观。

四十二　煮

(1) 烹调工艺介绍　用汤或清水旺火烧沸,转中小火加热成菜的烹调方法。煮法既用于制作菜肴,也用于提取鲜汤,又用于面点熟制,是应用最广泛的烹调法之一。

(2) 成品特点　原汁原味,色泽美观,软烂味浓。

四十三　煨

(1) 烹调工艺介绍　将原料加多量汤水后用旺火烧沸,再用小火或微火长时间加热至酥烂而成菜的烹调方法。煨法是加热时间最长的烹调方法之一,适用于质地粗老的动物性原料,所制菜品属火功菜。炊具有时用陶制器皿,如砂锅、陶罐,甚至陶瓮、坛子等。调味以盐为主,不勾芡。煨菜常用于做筵席大菜,或饭菜;又用于汤菜,俗称煨汤。经过长时间煨制,原料中各种物质溶解于汤中,使汤味鲜美,且更具营养、滋补功效。

(2) 成品特点　主料软糯酥烂,汤汁宽而浓,口味鲜醇肥厚。

四十四　焖

(1) 烹调工艺介绍　经初步熟处理的原料加汤水及调味品后密盖,用中小火较长时间烧煮至酥烂而成菜的烹调方法,又称炆。多用于具有一定韧性的鸡、鸭、牛、猪、羊肉,以及质地较为紧密细腻的鱼类等。初步熟处理需根据原料质地选用焯水、煸炒、过油等法,然后焖制。有的用陶瓷炊具,焖时要加盖,必须严密;有些甚至要用纸将盖缝糊严,密封以保持锅内恒温,促使原料酥烂,故有"千滚不如一焖"之说。要注意经常晃锅,以防原料黏底。焖菜一般不勾芡,可淋明油装盘。

(2) 成品特点　质地酥烂,滋味醇厚香美,汤汁稠浓,形态完整,吃口软滑等。

四十五　清蒸

(1) 烹调工艺介绍　利用蒸汽传热使原料成熟的烹调方法。用于制作菜肴、米面食品与小吃等。

(2) 成品特点　原汁原味。

四十六　粉蒸

(1) 烹调工艺介绍　主料加工成片状或块状,与炒香的碎粳米(或糯米)粒、调味料和适量汤汁拌匀,装入盛器蒸制的方法。以湖北、江西、湖南、四川为常用。为增加菜肴的清香味,也有用荷叶将主料包裹起来蒸制。

(2) 成品特点　清香。

四十七　炖

(1) 烹调工艺介绍　将原料加汤水及调味品,旺火烧沸后用中、小火长时间烧煮成菜的烹调方法。属制作火功菜的技法之一。

(2) 成品特点　汤汁鲜浓,本味突出,滋味醇厚。

四十八　涮

(1) 烹调工艺介绍　由食用者将备好的原料夹入沸汤中,来回晃动至熟供食的烹调方法。所用炊具以火锅为主,锅中备汤水供涮制用。动物性、植物性原料均可涮制,原料须先加工成净料,肉类并经刀工处理成薄片。

(2) 成品特点　涮制调料一般有芝麻酱、料酒、腐乳卤、酱油、辣椒油、卤虾油、腌韭菜花、香菜末、葱花等。分置在小碗中,由食者根据个人喜好调配,边涮、边蘸、边吃,热烫鲜美,别有情趣。

四十九　清炖

(1) 烹调工艺介绍　多以一种原料为主,不加有色调味料,常用于制作汤菜或制汤。制成的汤多为高级清汤,可用于烹制本身少味的高档原料。根据加热的方式不同,习惯上将清炖分为隔水炖和不隔水炖两种。

(2) 成品特点　汤多色清,鲜醇不腻。

五十　烩

(1) 烹调工艺介绍　将几种原料混合在一起,加汤水,用旺火或中火烧制成菜的烹调方法。动、植物性原料和加工性原料均可混合烩制。烩制前原料经刀工处理成大小相近的料形,并经过焯水、过油等初步熟处理,个别鲜嫩易熟原料也可生用。一般在原料下锅前起油锅或葱姜炝锅,原料下锅后加水或汤,旺火烧制,至汤汁见稠即可;有的须勾薄芡。成品特点:汤宽汁浓、口味鲜浓或香稠、软嫩等。根据烩制菜肴不同风味特点和要求,主料有不上浆和上浆之分。凡生料经细加工后需要上浆或经滑油后再以汤烩制;熟料则经细加工后,以汤直接烩制。烩菜的主料与汤的比例基本相等或略少于汤汁,由于烩制菜肴汤汁较多,除了清汤烩菜不勾芡外,其他烩制菜肴一般均需勾芡,故勾芡是烩菜与其他汤菜差别之一。

(2) 成品特点　质地鲜嫩、软滑。

五十一　煎

(1) 烹调工艺介绍　将锅(勺、铛)上旺火烧热,下入少量油,其量多于炒、少于炸;然后把加工好的主料放入油中,使油面不没主料的顶面,将主料加热至熟。

(2) 成品特点　油香。

五十二　贴

(1) 烹调工艺介绍　几种原料经刀工成形后加调味品拌渍,合贴在一起,挂糊后在少量油中煎一面,使其呈金黄色,另一面不煎(或稍煎)而成的烹调方法;也可再加汤汁用慢火收干。贴,既有加工成形的意思,又指成熟的方法,多使用软嫩的动物性原料。原料一般要用两种以上:一种用作贴底,一般多用猪肥膘肉,先将其煮熟后切片成形,这样可以防止贴煎过程中脂肪融化而萎缩、干瘪;将第二种切配成形的原料与第一种作垫底的原料贴在一起成形。有的还在两层中间夹馅,然后放入六成油温的少量油锅中,底面朝下,用中、小火煎制,同时用手勺舀锅内热油向主料上淋浇,加快成熟,当底面呈金黄色时即成。

(2) 成品特点　油香。

五十三　塌

(1) 烹调工艺介绍　原料挂糊后煎制并烹入汤汁,使之吸收水分并回软的过程。适用于质地软嫩的动、植物原料,如菠菜心、蒲菜、芦笋,或里脊肉片、鱼肉片等。整料要切割、整理成片状,挂全蛋糊或拍粉拖蛋糊,放在盘子内。炒锅(或平底锅)加少量油烧至六成热,把原料推入锅中,用中火煎制两面金黄,再加调味品和少量汤汁,使汤汁慢慢收尽。为了使原料两面受热一致,可用大翻锅技法,使原料完整地翻转。

(2) 成品特点　咸鲜。

五十四　焗

（1）烹调工艺介绍　密闭式加热，促使原料自身水分汽化致熟的烹调方法。焗，有局促、迫促之意。

（2）成品特点　咸鲜、油香。

五十五　烤

（1）烹调工艺介绍　利用柴草、木炭、煤、可燃气体、太阳能或电为能源所产生的辐射热，使原料成熟的烹调方法。一般不借助油、水等传热介质，适用于动物性原料（如鸡、鸭、鱼、肉等），以及一些植物性原料（如土豆、红薯等），也用于面点熟制。

（2）成品特点　松脆、焦香。

五十六　拔丝

（1）烹调工艺介绍　将糖熬成能拉出丝的糖液，包裹于炸过的原料上的成菜方法，又称拉丝。多用于去皮的鲜果、干果、根茎类蔬菜，以及动物的净肉或小肉丸等。

（2）成品特点　色泽晶莹金黄，口感外脆里嫩，香甜适口。

五十七　挂霜

（1）烹调工艺介绍　经过油炸的小型原料黏上一层粉霜状的白糖而成菜的烹调方法。适用于含水分较少的干鲜果品、块根类蔬菜，以及一些动物性原料（如排骨、肥膘肉等）。小型原料一般不经细加工即可直接炸制；稍大的原料通常切成块、条、片或将原料压成茸泥包入馅心，制成丸子等形状后炸制。

（2）成品特点　外表洁白如霜，食之松脆香甜。

五十八　蜜汁

（1）烹调工艺介绍　以白糖与冰糖或蜂蜜加清水，将原料煨、煮成带汁菜肴的烹调方法，又称蜜炙。适用于白果、百合、桃、梨、枣、莲子、香蕉等含水分较少的干鲜果品及其罐头制品，以及山药、红薯、芋头等块根蔬菜和银耳等；也用于火腿等动物性原料。小型原料一般不经细加工即可直接烹制；形体稍大的原料通常切成块、条、片等形状。烹制多用中火或小火，将糖汁收浓。

（2）成品特点　香甜软糯，色泽蜜黄。

第四部分　特色菜肴制作

一　干炸小黄鱼

1. 菜肴介绍

干炸小黄鱼是一道家常菜,以其酥脆的口感和鲜美的味道深受人们喜爱。

2. 菜肴制作

(1) 干炸小黄鱼的加工工艺流程　炸制—出餐。
(2) 干炸小黄鱼的加工制作

原料	主辅料	黄鱼 1 500 g
	调味料	精盐 4 g、葱姜水 10 g、料酒 10 g、白糖 1 g、椒盐粉 8 g、干淀粉 70 g
加工步骤		1. 小黄鱼去鳞、鳃及内脏,冲洗干净,加入料酒、葱姜水、盐,腌制 15~30 min,两面均匀沾满干淀粉 2. 油锅上火,烧至六成热,下入小黄鱼,炸至表皮淡黄色至断生捞出;待油温升高至七成热,再下入鱼复炸,捞出装盘,撒上椒盐面即成
技术关键		控制好油温、油量,成品应具有外焦里嫩的口感
成品特点		色泽金黄,口味咸鲜,外焦里嫩
类似菜品		干炸里脊、干炸响铃等

二　软炸鲜蘑

1. 菜肴介绍

软炸鲜蘑是一道美味且健康的家常菜,主要材料是鲜蘑,通过炸制而成。这道菜不仅口

感外焦里嫩,而且营养丰富,能够提高机体免疫力。

2. 菜肴制作

(1) 软炸鲜蘑的加工工艺流程 炸制—出餐。

(2) 软炸鲜蘑的加工制作

原料	主辅料	鲜蘑 350 g
	调味料	精盐 3 g、料酒 2 g、葱姜水 6 g、白胡椒粉 1 g、葱姜各 5 g、花椒盐 10 g、鸡蛋清 200 g、干淀粉 150 g
加工步骤		1. 鲜口蘑剪去柄部,清洗干净,加葱姜水、精盐、料酒、白胡椒粉,拌匀,逐一拍上干淀粉。 2. 鸡蛋清打散,加入干淀粉,调成蛋清糊。 3. 油锅上火,烧至四成热,将拍粉的口蘑逐一挂匀蛋清糊,下入油锅,炸至断生捞出;待油温回升至五成热时,倒入口蘑复炸,至口蘑表面呈浅黄色时,捞出沥油,装盘撒上椒盐面即成
技术关键		鲜蘑应大小均匀;鲜蘑挂糊前要拍粉,否则易脱糊;油温不可过高
成品特点		色泽淡黄,外酥松,内鲜嫩,清香咸鲜
类似菜品		软炸鸡柳、软炸鱼条等

三　清炸核桃腰

1. 菜肴介绍

清炸核桃腰是一道湖北菜,主要食材为羊腰子、猪网油和鸡蛋。这道菜色泽黄亮,酥脆爽口。

2. 菜肴制作

(1) 清炸核桃腰的加工工艺流程　炸制—出餐。
(2) 清炸核桃腰的加工制作

原料	主辅料	猪腰子 400 g、鸡蛋 1 个、淀粉 30 g
	调味料	酱油 10 g、姜汁 10 g、料酒 15 g、椒盐 10 g
加工步骤		1. 将猪腰子一片两开,去内腺和外膜;在里面剞横竖花纹,用酱油、料酒、姜汁拌匀腌渍。 2. 油锅上火烧至六成热,将腰子下入炸至断生捞出;待油温升高至七成时,再下入腰子复炸,捞出装盘,撒上椒盐面即成
技术关键		片臊筋时避免浪费
成品特点		色泽褐红,形似核桃,干酥鲜嫩
类似菜品		清炸鹌脯、清炸带鱼等

四　高丽香蕉

1. 菜肴介绍

高丽香蕉是一道以香蕉为主要原料的传统菜肴,具有外层松脆、里层软绵、口味香甜的特点,适合各年龄段人群食用。

2. 菜肴制作

(1) 高丽香蕉的加工工艺流程　炸制—出餐。

(2) 高丽香蕉的加工制作

原料	主辅料	香蕉 200 g
	调味料	鸡蛋清 150 g、白糖 70 g、淀粉 60 g、面粉 20 g
加工步骤		1. 香蕉去皮切成 1.5 cm 厚的圆形片;鸡蛋清高速抽打成蛋泡状,筷子能立住为好;加入淀粉、面粉搅拌均匀成蛋泡糊。 2. 油锅上火,烧至三成热,将香蕉逐个沾上干淀粉,再包裹满蛋泡糊成鸭蛋圆状,下入油锅,炸成微黄色捞出;待油温升高至四成,再下入复炸,捞出装盘,撒上白糖即可食用
技术关键		避免浪费
成品特点		色泽褐红,干酥鲜嫩
类似菜品		脆皮香蕉、高丽虾仁等

五　香酥鸡

1. 菜肴介绍

香酥鸡是一道具有悠久历史的传统菜肴,属于鲁菜系,起源于山东省青岛市。选用笋母鸡,经过高汤蒸熟,火候足到、再入油炸制而成。色泽红润,肉质焦酥,味道鲜美,是佐酒的佳肴。

2. 菜肴制作

(1) 香酥鸡的加工工艺流程　蒸制—烤制—出餐。

(2) 香酥鸡的加工制作

原料	主辅料	净膛三黄鸡一只(800 g)
	调味料	料酒 20 g、酱油 15 g、花椒粒 8 g、大料粒 8 g、白芷片 4 g、盐 5 g、葱段 20 g、姜片 20 g、鸡蛋液 50 g、干淀粉 30 g、椒盐面 10 g
加工步骤		1. 鸡从背部开刀,掏净残余鸡肺、血块和脂肪块,冲洗干净;加入花椒粒、大料粒、白芷片、酱油、盐、葱、姜腌渍;包上保鲜膜,放入冰箱冷藏腌制 8 min 左右。 2. 鸡取出放入蒸笼蒸 30 min 左右至熟,取出稍晾。 3. 鸡蛋液与干淀粉调成全蛋糊;油锅上火,烧至七成热,将鸡沾匀全蛋糊下入炸制。要不断用手勺舀热油浇在鸡的表面,使之尽快定形。待鸡皮定形后再两面翻炸,炸至鸡外皮焦脆红润即可捞出。控净油分,趁热用刀斩件装盘,撒上椒盐面即可食用
技术关键		鸡要蒸至酥烂,全蛋糊要裹匀鸡身
成品特点		色泽金红,形状完整,酥香诱人
类似菜品		酥炸鸭筒、酥炸黄鱼等

六 炸虾排

1. 菜肴介绍

炸虾排是一道以虾为主要食材,搭配鸡蛋、面粉、面包渣等材料制作而成的美食。

2. 菜肴制作

(1) 炸虾排的加工工艺流程　炸制—出餐。
(2) 炸虾排的加工制作

原料	主辅料	大虾 300 g
	调味料	面包渣 300 g、鸡蛋液 80 g、面粉 50 g、料酒 10 g、葱姜水 10 g、盐 3 g、胡椒粉 8 g、椒盐面 10 g、番茄沙司 15 g

续表

加工步骤	1. 大虾去头、壳,留虾尾,从背部下刀片开虾肉,去掉虾线,洗涤干净。 2. 在片好的虾肉上排斩数刀,斩断筋络(使之炸时不卷缩),加入葱姜汁、料酒、胡椒粉、盐腌渍;虾先沾上面粉,再拖上一层鸡蛋液,放在面包渣上;用手上下按紧,取出放在盘内(虾尾上不要沾面粉、鸡蛋液和面包渣)。 3. 油锅上火烧至六成热,放入虾,排炸呈黄色时,捞出装盘,随同椒盐面、番茄沙司一同上桌
技术关键	选用质地鲜嫩的动物性原料;可先将主料加工成泥茸,再加工成球丸或饼状,球丸又可用钎子穿成串状;原料需腌制,挂蘸面粉、蛋液、面包屑要结实、均匀、牢固;要灵活掌握火候
成品特点	色泽金黄,外酥里嫩,粒屑感
类似菜品	芝麻里脊、吉利虾丸等

七　油淋仔鸡

1. 菜肴介绍

油淋仔鸡是一道传统的川菜,以其皮酥肉嫩、香味四溢的特点而闻名。这道菜主要考验厨师对食材的处理和对油温的把握,制作过程需要一定的技巧和经验。

2. 菜肴制作

(1) 油淋仔鸡的加工工艺流程　炒制—出餐。
(2) 油淋仔鸡的加工制作

原料	主辅料	仔母鸡一只(约 1 kg)
	调味料	精盐 2 g、黄酒 15 g、酱油 5 g、花椒粒 5 g、茴香粒 5 g、葱段 15 g、姜片 15 g、麻油 5 g、椒盐 15 g、番茄酱 15 g
加工步骤		1. 整理干净的鸡斩去脚爪,胸骨轻斩几刀;用刀跟在鸡大腿、鸡颈及多筋部位排斩几下;放入盆中,加葱、姜、精盐、黄酒、酱油、花椒、茴香粒拌腌 30 min。 2. 油锅上火,烧至七成热;抖净鸡表面的调料,将鸡放在笊篱上,下入油锅,并不断用手勺舀油,均匀淋遍鸡身。 3. 待鸡肉断生、表皮呈金黄色并发脆时,捞出沥油;放于砧板上,用刀改条状,按鸡形摆在盘中;淋上麻油,随花椒盐、番茄酱上桌
技术关键		应选用当年的仔母鸡;油淋时,油温要热,泼淋要均匀;色呈金黄色,肉断生即可
成品特点		色泽金黄,鸡皮香脆,肉质鲜嫩
类似菜品		油淋乳鸽、油淋鹌鹑等

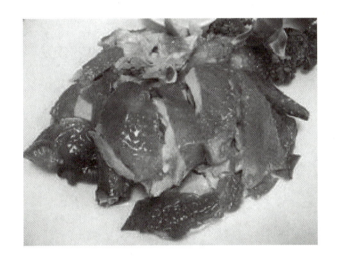

八　纸包鸡翅

1. 菜肴介绍

纸包鸡翅是一道结合了传统烹饪技巧和现代口味的创新菜肴。

2. 菜肴制作

(1) 纸包鸡翅的加工工艺流程　腌制—蒸制—出餐。
(2) 纸包鸡翅的加工制作

原料	主辅料	鸡翅 350 g
	调味料	料酒 20 g、葱姜水 15 g、酱油 15 g、蚝油 20 g、精盐 1 g、湿淀粉 20 g、香油 10 g

续 表

加工步骤	1. 鸡翅用清水浸泡 1 h；在鸡翅的两面各剞两刀，加入料酒、酱油、蚝油、盐、葱姜汁、香油，腌制 10 min。 2. 烘焙纸裁剪成长 5 cm、宽 4 cm 的长方形，放入腌制好的鸡翅；用纸把鸡翅包裹严，用湿淀粉封口，放入六成热的油锅中，小火炸 3~5 min 至熟；捞出控油，装盘即成
技术关键	选用质地鲜嫩、无异味的原料；包裹主料时要加入适量香油，否则炸后主料与纸粘连不便食用；包裹要严实，炸制时不易松散；包制原料时要留一角，便于食用时打开
成品特点	软嫩脱骨，咸鲜香浓
类似菜品	纸包三鲜、纸包明虾等

九　炸卷肝

1. 菜肴介绍

炸卷肝是一道经典的北京菜，主要原料包括猪肝和猪网油。

2. 菜肴制作

（1）炸卷肝的加工工艺流程　炸制—出餐。
（2）炸卷肝的加工制作

原料	主辅料	猪肝 200 g
	调味料	猪网油 230 g、花椒盐 3 g、盐 2 g,葱、姜末各 6 g
加工步骤		1. 猪肝洗净,切成 15 cm×3 cm×0.3 cm 的长薄片;猪网油洗净,摆平成长方形,上铺猪肝片;然后,撒上盐、葱、姜末,卷成卷;再用马莲草每隔 2~3 cm 绑一道;把猪肝卷放入开水锅内,用文火煮 25~30 min 捞出来。 2. 油锅上火烧至六成热,放进猪肝卷炸成金黄色捞出;解开马莲草,随即切成圆片后装盘,撒上椒盐即成
技术关键		炸制时要均匀搅动原料,使色泽、成熟度一致,外脆里嫩
成品特点		表皮橙黄,麻酥脆香,肝质鲜嫩,外形美观
类似菜品		纸包三鲜、金沙奶豆腐等

十　脆炸鲜奶

1. 菜肴介绍

脆皮炸鲜奶是一道广东省佛山市顺德区的传统甜点,属于粤菜系。它的特点是外表金黄、内部雪白、外酥脆、内软嫩。吃起来有淡淡的奶香味,口感酥脆且回味无穷。

2. 菜肴制作

(1) 脆炸鲜奶的加工工艺流程　炸制—出餐。
(2) 脆炸鲜奶的加工制作

原料	主辅料	鲜牛奶 300 g
	调味料	椰浆 50 g、白糖 20 g、干面粉 70 g、干淀粉 10 g、吉士粉 1 g、泡打粉 0.5 g、植物油 30 g、湿淀粉 50 g
加工步骤		1. 鲜牛奶与椰浆入锅,加入白糖烧开;淋入湿淀粉勾芡出锅,倒入方槽盘内自然晾凉后,切成长 5 cm、粗 1.5 cm 的条。 2. 将干面粉、干淀粉、吉士粉、泡打粉、水、植物油调匀成脆皮糊;油锅上火烧至五成热,将牛奶条挂上调制好的糊,下锅炸至表皮金黄色时捞出;待油温升高至六成时再下入复炸,捞出装盘即成
技术关键		熬制鲜奶时掌握好稠稀度;调制糊时用手抓拌均匀即可,不能搅拌
成品特点		金黄明亮,外皮酥脆,奶香浓郁
类似菜品		脆炸蟹柳、脆炸鸡翅等

十一 糖醋鲤鱼

1. 菜肴介绍

糖醋鲤鱼是一道经典的鲁菜,以其酸甜可口、外脆里嫩的口感而闻名。这道菜最早始于山东济南的洛口镇,使用新鲜的黄河鲤鱼为主要食材,经过炸制后再浇上特制的糖醋汁。

2. 菜肴制作

(1) 糖醋鲤鱼的加工工艺流程 炸制—出餐。
(2) 糖醋鲤鱼的加工制作

原料	主辅料	鲜活鲤鱼 1 条(约 1 kg)
	调味料	鲜汤 50 g,料酒 15 g,绵白糖 175 g,米醋 100 g,酱油 15 g,葱姜末各 5 g,大蒜末 15 g,干淀粉 90 g/湿淀粉 60 g,鲜汤 70 g
加工步骤		1. 将鲤鱼去鳞、鳃,开膛去内脏,洗净,鱼身两侧剞牡丹花刀;加料酒、盐腌渍,然后严实地沾一层干淀粉。 2. 油锅上火,烧至七成热,下鱼炸制;注意鱼的刀口一面朝上,头尾翘起,呈鱼跃状,定形至熟捞出;用竹签在鱼肉厚的部位扎十数下,复入油锅炸至外表呈金黄色、焦脆时捞出装盘;锅留底油,葱姜蒜炝锅,加入米醋、鲜汤、酱油、白糖、盐烧沸,淋入湿淀粉勾芡,淋热油出锅,浇在鱼身上即成
技术关键		一般鱼身两侧各剞 8 刀,刀距均匀,刀深一致(视鱼大小);炸制时掌握火候和时间;调制卤汁时,调配好酸甜味型及注意卤汁浓度
成品特点		形态美观,外脆里嫩,甜酸适口
类似菜品		菊花鲈鱼、松鼠鳜鱼等

十二　松鼠鱼

1. 菜肴介绍

松鼠鱼是一道著名的苏菜系传统名菜,主要流行于江苏省。松鼠鱼因形似松鼠而得名,通常以黄鱼、鲤鱼、鳜鱼等为原料。

2. 菜肴制作

(1) 松鼠鱼的加工工艺流程　炸制—调制—出餐。
(2) 松鼠鱼的加工制作

原料	主辅料	鲜活鳜鱼一条(约 1 300 g)
	调味料	干淀粉 150 g、葱姜末各 4 g、蒜米 10 g、精盐 6 g、料酒 15 g、白糖 35 g、米醋 15 g、番茄酱 50 g、湿淀粉 40 g
加工步骤		1. 将鱼宰杀后冲洗干净,斩下鱼头;然后从鱼背下刀,剔除骨刺(鱼尾与两片鱼身相连);皮朝下平放在菜墩上,剞 0.3 cm 左右的十字花刀(斜度应视鱼肉厚度而定);鱼头用刀修好形,由腮下剖开(头背相连);用清水冲洗干净,沥干水分,加精盐、绍酒,腌制 5 min。 2. 将精盐、料酒、白糖、米醋、番茄酱、湿淀粉、葱、姜末同放一碗内,加入适量鲜汤,兑成糖醋汁。 3. 净油锅上火,烧至七成热,将腌好的鱼肉和鱼头拍上干淀粉,整形,下入油锅,炸至定形捞出;待油温升至八成时,重油至外皮酥脆、熟透捞出,装盘,整好形;将两个樱桃嵌在鱼眼里;原锅留热油,倒入糖醋汁,用手勺搅动;见汁浓稠起鱼眼泡时,撒上蒜米,浇入热油,将汁烘起,浇在鱼上立即上桌
技术关键		掌握松鼠花刀切割技法,炸制油温 190℃,糖醋汁调制适口
成品特点		外脆里嫩,酸甜适口,形似松鼠
类似菜品		脆皮鱼、菊花鱼等

十三　炸熘茄盒

1. 菜肴介绍

炸熘茄盒是一道色香味俱佳的传统菜肴,以其外酥里嫩、口感丰富的特点深受人们喜爱。

2. 菜肴制作

(1) 炸熘茄盒的加工工艺流程　炸制—调制—出餐。

(2) 炸熘茄盒的加工制作

原料	主辅料	去皮茄子 200 g、猪肉馅 120 g
	调味料	蛋黄糊 200 g、清汤 100 g、料酒 5 g、盐 3 g、水淀粉 25 g、黄瓜片 10 g、水发木耳 8 g、冬笋片 8 g、水发虾干 10 g
加工步骤		1. 茄子切成扇形夹刀片,中间瓤入肉馅,挂上蛋黄糊,下入五成热净油锅中,炸成金黄色至熟捞出,整齐装入盘中。 2. 锅上火加入清汤、料酒、盐、黄瓜片、冬笋片、水发木耳、水发虾干,烧开,淋入水淀粉勾芡,淋明油出锅,浇在茄盒上即成
技术关键		炸茄盒时要掌握好油温,勾芡收汁时应略稠浓些
成品特点		色泽美观,酥软鲜香,营养丰富
类似菜品		炸熘藕夹、炸熘豆腐等

十四　滑熘鱼丝

1. 菜肴介绍

滑熘鱼丝是一道色香味俱全的地方名菜,属于湘菜系。其特点是色泽洁白、柔软滑嫩、咸鲜可口,成菜造型美观,充分展现了鱼肉的鲜嫩特质。

2. 菜肴制作

(1) 滑熘鱼丝的加工工艺流程　炒制—出餐。
(2) 滑熘鱼丝的加工制作

原料	主辅料	活黑鱼 1 条(约 750 g)
	调味料	青红椒丝各 15 g、精盐 4 g、料酒 10 g、葱姜水 5 g、葱姜丝各 10 g、鸡蛋清 30 g、湿淀粉 20 g
加工步骤		1. 黑鱼去鳞、鳃、内脏、头、骨、皮，留净鱼肉洗净。 2. 将鱼肉切成长 8 cm、粗 0.3 cm 的丝，放碗中加料酒、葱姜水、蛋清、盐、湿淀粉，抓匀。 3. 另取一只碗，加入高汤、葱姜汁、料酒、盐、湿淀粉 5 g，调成芡汁；油锅上火烧至三成热，慢慢放入鱼丝滑油，至断生捞出沥油。 4. 锅留底油，葱姜丝炝锅，下入青红椒丝略煸炒；倒入调好的芡汁烧沸，倒入鱼丝，淋明油，推拌均匀出锅即成
技术关键		切鱼丝时应注意粗细均匀；滑油时热锅温油，鱼丝变白色，断生即可；熟鱼丝入锅后，切不可用手勺翻拌，以免鱼丝破碎
成品特点		鱼丝洁白如玉，色泽美观，咸鲜滑嫩
类似菜品		滑熘鸡丝、滑熘里脊等

十五　木耳过油肉

1. 菜肴介绍

木耳过油肉是一道经典的山西名菜，以其咸鲜适中、香而不腻的口感著称。

2. 菜肴制作

（1）木耳过油肉的加工工艺流程　炒制—出餐。
（2）木耳过油肉的加工制作

原料	主辅料	猪扁担肉或元宝肉 200 g
	调味料	水发木耳 50 g、冬笋 15 g、葱花 10 g、蒜片 15 g、姜末 3 g、陈醋 4 g、酱油 15 g、精盐 3 g、料酒 5 g、湿淀粉 65 g、鸡蛋液 15 g、清汤 50 g
加工步骤		1. 肉去净薄膜、白筋和脂油,切成柳叶片;木耳撕片;冬笋切成磨刀片。 2. 猪肉内加入料酒、盐、酱油、湿淀粉、鸡蛋液,拌匀。 3. 清汤、料酒、酱油、盐、湿淀粉调成芡汁。 4. 油锅上火,烧至四成热,下入浆好的肉片,迅速用筷子拨散至熟捞出;锅留底油下入葱花、姜末、蒜片炝锅,下入木耳、笋片略煸炒;倒入过好油的肉片,烹醋翻锅;再倒入调好的芡汁,颠翻炒匀,淋明油出锅即成
技术关键		滑油时油温四成热
成品特点		色泽红亮,咸鲜滑嫩
类似菜品		滑熘里脊、过油肉海参等

十六　鸡粥鱼肚

1. 菜肴介绍

鸡粥鱼肚是一道江苏的传统特色名肴,主要原料包括鸡脯肉和鱼肚,营养丰富,味道可口。

2. 菜肴制作

(1) 鸡粥鱼肚的加工工艺流程　煮制—出餐。
(2) 鸡粥鱼肚的加工制作

原料	主辅料	水发鱼肚 200 g、鸡脯肉 100 g
	调味料	鸡蛋清 80 g、猪肥膘 30 g、精盐 7 g、料酒 20 g、葱姜各 10 g、湿淀粉 20 g、鲜汤 1 kg、火腿末 2 g

续 表

加工步骤	1. 鸡脯肉、肥膘、水发鱼肚分别用温水洗净；葱切段,姜切片并拍松；鸡脯肉、肥膘一起排斩成茸,水发鱼肚斜刀改成 4 cm×3 cm 的菱形块。 2. 取一只碗,放入鸡蛋清打散,放入鸡肉茸,加入鲜汤,调匀成粥。 3. 炒锅上火,加入底油烧热,放入葱段、姜片,煸出香味；加入鸡清汤、盐；入鱼肚块,沸后放入,小火煨 5 min,捞出沥干水分。 4. 原锅上火,放入鸡清汤、盐,烧沸,用湿淀粉勾芡；烧沸,将粥料徐徐倒入,用手勺不断搅动；待鸡粥大沸时,淋入色拉油,倒入鱼肚,调匀；起锅装盘,撒上火腿末即成
技术关键	粥料制茸前应去掉筋膜,排斩要细；粥料入锅时,手勺应不断搅动,防止粥料凝结成块；制粥时,应选用中火,避免锅边、锅底粘锅产生焦煳味
成品特点	粥白如脂,鱼肚软糯,咸鲜肥嫩,老幼皆宜
类似菜品	鸡粥鲜贝、鸡粥蹄筋等

十七 葱爆羊肉

1. 菜肴介绍

葱爆羊肉是一道经典的鲁菜。

2. 菜肴制作

（1）葱爆羊肉的加工工艺流程　炒制—出餐。
（2）葱爆羊肉的加工制作

原料	主辅料	羊后腿瘦肉 250 g、大葱白 230 g
	调味料	精盐 2 g,酱油 10 g,料酒 3 g,米醋 3 g,花椒粉 1 g,白胡椒粉 1 g,香油 3 g
加工步骤		1. 羊肉切成 6 cm×2 cm×0.2 cm 长方片,葱白斜切成 4.5 cm 长的滚刀片,与盐、酱油、料酒、花椒粉、白胡椒粉拌匀。 2. 炒锅上火烧热,用油滑过,倒入底油,至七成热,放入拌好的羊肉片,迅速翻拌打散,至羊肉变色断生；随即烹醋,点香油,出锅即成

续 表

技术关键	羊肉要鲜嫩,切片要薄匀,要旺火快炒
成品特点	羊肉滑嫩,口味咸鲜,葱香味浓
类似菜品	葱爆鱿鱼、葱爆羊腰等

十八　酱爆猪肝

1. 菜肴介绍

酱爆猪肝是一道色香味俱佳的传统中式菜肴。

2. 菜肴制作

（1）酱爆猪肝的加工工艺流程　炒制—出餐。
（2）酱爆猪肝的加工制作

原料	主辅料	鲜猪肝 320 g
	调味料	蒜薹 70 g、甜面酱 30 g、精盐 1 g、料酒 10 g、绵白糖 10 g、姜末 5 g
加工步骤		1. 将猪肝洗净,切成 6 cm×2 cm×0.2 cm 长方片,加入料酒、盐、淀粉,拌匀;下入四成油锅滑散至熟捞出。 2. 蒜薹切成 2 cm 的段,也下入油锅滑熟捞出。 3. 锅留底油,下入姜末、甜面酱、白糖炒匀,倒入猪肝、蒜薹;翻锅裹匀酱汁,淋入明油,出锅装盘即成
技术关键		酱汁紧裹原料,明油亮芡
成品特点		色泽酱红,肝肉鲜嫩,酱香浓郁,咸鲜回甜
类似菜品		酱爆鸡丁、酱爆鸭条、酱爆土豆等

十九　汤爆双脆

1. 菜肴介绍

汤爆双脆是一道具有 200 多年历史的传统名菜,属于济南菜。它以猪肚和鸭肫为主要原料,精心制作,呈现出质地脆嫩、汤清质淡、味道香醇的特点。

2. 菜肴制作

(1) 汤爆双脆的加工工艺流程　煮制—出餐。
(2) 汤爆双脆的加工制作

原料	主辅料	猪肚尖 200 g、鸭肫 200 g
	调味料	料酒 30 g、葱姜丝各 6 g、酱油 4 g、白胡椒粉 3 g、鸡汤 1 kg
加工步骤		1. 肚尖、鸭肫切开,剥去外皮,去掉里面的筋杂;在清水中洗净,剞十字花刀(深为肚、肫厚的 2/3)切片。 2. 汤锅内放入清水、料酒,置旺火上烧至 90 ℃;先放鸭肫后放肚,至断生,立即捞出,放入盘中,加葱姜丝、香菜、胡椒粉拌匀。 3. 炒锅内放入清汤、酱油、精盐、料酒,加热烧沸,出锅倒在汤碗内,迅速上桌;落桌后将主料推入汤内即成
技术关键		刀距均匀,原料余水断生即可
成品特点		汤清亮咸鲜,肚尖鸭肫脆嫩
类似菜品		汤爆香螺、汤爆鱿鱼、汤爆百叶等

二十　油爆肚仁

1. 菜肴介绍

油爆肚仁是一道以羊肚仁为主要食材的经典菜肴,其特点是口感爽脆鲜嫩。制作过程讲究急火快炒,保留了羊肚仁的嫩滑和鲜美。

2. 菜肴制作

（1）油爆肚仁的加工工艺流程　炒制—出餐。
（2）油爆肚仁的加工制作

原料	主辅料	生猪肚尖 400 g
	调味料	葱姜蒜末各 5 g、精盐 3 g、料酒 5 g、白胡椒粉 3 g、味精 2 g、嫩肉粉 2 g、湿淀粉 6 g、鲜汤 20 g
加工步骤		1. 肚仁剞丁字花刀,刀距 0.2 cm,深度 4/5;再改成 2.5 cm 见方的块,加料酒、嫩肉粉、湿淀粉、精盐上浆,静置 5 min;取一只碗,加入鲜汤、料酒、湿淀粉、精盐、白胡椒粉,调成汁。 2. 油锅上火,烧至六成热时倒入肚仁,滑散至八成熟,倒入漏勺沥油;锅留底油,葱姜蒜末炝锅,倒入肚仁,烹入兑汁芡,颠翻均匀,淋明油,出锅装盘即可
技术关键		肚尖要去净油筋膜,否则会影响质感;剞刀深度要均匀一致;烹调时掌握好成熟度,旺火速成,断生即可
成品特点		肚仁洁白脆嫩,口味咸鲜,明油亮芡,形态美观
类似菜品		油爆双脆、油爆腰花等

二十一　芫爆散丹

1. 菜肴介绍

芫爆散丹是一道以羊肚（散丹）为主要食材，搭配香菜（芫荽）炒制而成的菜肴。散丹是羊肚的一部分，质地脆嫩，有一种特殊的鲜味，容易消化。

2. 菜肴制作

（1）芫爆散丹的加工工艺流程　炒制—出餐。
（2）芫爆散丹的加工制作

原料	主辅料	净散丹 300 g，芫荽段 70 g
	调味料	鲜汤 10 g，料酒 5 g，精盐 4 g，葱姜蒜丝各 5 g，胡椒粉 3 g，香油 2 g
加工步骤		1. 散丹切成长 10 cm、宽 0.4 cm 的丝。 2. 取一只碗，放入鲜汤、料酒、盐、胡椒粉，调成汁芡。 3. 锅内加水烧开，氽烫散丹至断生，捞出控净水分。 4. 炒锅上火烧热，加入底油，下入葱姜蒜丝炝锅；倒入氽烫好的散丹，旺火翻炒，烹入碗汁；倒入香菜段，用旺火炒匀，淋香油出锅
技术关键		散丹氽水断生即可，旺火速成，汤汁紧裹原料
成品特点		鲜嫩、咸鲜
类似菜品		芫爆里脊、芫爆虾球

二十二 抓炒腰花

1. 菜肴介绍

抓炒腰花是一道以猪腰子为主要原料,经过特殊烹饪技法制作而成的美食。其特点是外焦里嫩、味道鲜美。

2. 菜肴制作

(1)抓炒腰花的加工工艺流程　炒制—出餐。
(2)抓炒腰花的加工制作

原料	主辅料	鲜猪腰 450 g
	调味料	精盐 3 g、绵白糖 15 g、米醋 15 g、酱油 10 g、葱姜蒜末各 10 g、料酒 10 g、干淀粉 20 g、湿淀粉 10 g、鲜汤 30 g
加工步骤		1. 猪腰去衣,一剖两片,去臊筋后洗净;剞麦穗花刀,加料酒、盐、干淀粉,抓匀。 2. 取碗一只,鲜汤、白糖、盐、米醋、酱油、湿淀粉调成芡汁。 3. 锅上火,加入油,烧至五成热时,将浆好的腰花逐块下入油锅中,炸至断生,外皮呈淡黄色时捞出。 4. 锅留底油,葱、姜、蒜末煸香,随即倒入调好的芡汁和腰花,翻炒均匀即成。
技术关键		腰花要保持脆嫩的口感,口味咸中带甜、酸
成品特点		腰花脆嫩,咸、甜、酸适中
类似菜品		抓炒鱼片、抓炒里脊等

二十三　滑炒里脊丝

1. 菜肴介绍

滑炒里脊丝是一道经典的鲁菜,主要食材包括猪里脊肉和鸡蛋清。这道菜以滑嫩的肉丝和鲜美的调味为特点,深受食客喜爱。

2. 菜肴制作

(1) 滑炒里脊丝的加工工艺流程　炒制—出餐。
(2) 滑炒里脊丝的加工制作

原料	主辅料	猪里脊肉 250 g
	调味料	冬笋 50 g,青红椒丝各 10 g,料酒 8 g,盐 5 g,葱 8 g,姜 6 g,鸡蛋清 20 g,清汤 15 g,香油 3 g,湿淀粉 50 g
加工步骤		1. 猪肉切成长 7 cm、粗 0.3 cm 的丝,加入料酒、盐、鸡蛋清、湿淀粉,抓匀。 2. 取碗一只,鸡汤、料酒、盐、湿淀粉调成汁。 3. 炒锅上火,倒入油,烧至三成热;将肉丝放入滑熟,起锅沥油。 4. 炒锅留底油,葱姜丝炝锅;下入冬笋丝、青红椒丝煸炒;再倒入肉丝及调好的汁翻炒,淋上香油后出锅即可
技术关键		要选用猪的内里脊或外里脊肉;掌握好油温;肉丝在锅内炒制的时间不宜长
成品特点		肉丝洁白均匀鲜嫩,冬笋青红椒清脆,咸鲜适口
类似菜品		滑炒虾仁、滑炒鱼片等

二十四　干煸牛肉丝

1. 菜肴介绍

干煸牛肉丝是一道经典的川菜,以其麻辣可口、下饭佐酒皆宜的特点而著称。

2. 菜肴制作

(1) 干煸牛肉丝的加工工艺流程　炸制—炒制—出餐。
(2) 干煸牛肉丝的加工制作

原料	主辅料	牛腿肉 300 g
	调味料	芹菜丝 70 g、蒜苗 20 g、郫县豆瓣辣酱 20 g、盐 1 g、花椒粉 4 g、酱油 5 g、干辣椒丝 30 g、料酒 10 g、葱丝 5 g、姜丝 6 g
加工步骤		1. 牛肉切成长 9 cm、粗 0.4 cm 的丝,用料酒、盐、油腌渍 10 min。 2. 炒锅上火烧热,下辣椒丝,微炒捞起;再放入牛肉丝,煸干水分;加郫县豆瓣辣酱炒至油呈红色,加料酒、盐、酱油炒入味,放姜丝、芹菜、蒜苗、葱丝炒熟;再下干辣椒丝翻炒均匀,出锅装盘,撒花椒粉即成
技术关键		牛肉要瘦、嫩,掌握好火候,防止粘锅
成品特点		色泽深红,口味厚重,麻辣咸鲜
类似菜品		干煸鳝丝、干煸冬笋等

二十五　炒鲜奶

1. 菜肴介绍

炒鲜奶是一道具有独特风味的菜肴,通常由牛奶、蛋清、青豆、火腿肠等食材制作而成。

2. 菜肴制作

（1）炒鲜奶的加工工艺流程　炒制—出餐。
（2）炒鲜奶的加工制作

原料	主辅料	鲜牛奶 500 g、鲜蟹肉 50 g、鸡蛋清 300 g
	调味料	精盐 6 g、熟猪油 150 g、广东排粉 50 g、湿淀粉 30 g、熟火腿末 2 g
加工步骤		1. 将鸡蛋清打散,火腿切末。 2. 鲜奶放入盛器中,加入蟹肉、鸡蛋清、盐、湿淀粉,搅匀。 3. 炒锅上火烧热,放入油。烧至四成热时,加入排粉,倒入调搅好的鲜奶,推炒至变稠熟透;盛入盘中,撒上火腿末
技术关键		制作咸味的软炒菜肴,口味宜清爽、鲜香、不腻,控制好油脂的用量;软炒菜肴的色泽和口味要求严格,油脂、淀粉应选用色白、无异味的;还要考虑辅佐料、调味品等对菜肴色泽和口味的影响,掌握好火候及成熟度,不可炒老
成品特点		洁白如雪,细腻软嫩,咸鲜清淡,营养丰富
类似菜品		干炒三不沾、芙蓉干贝等

二十六　回锅肉

1. 菜肴介绍

回锅肉是四川菜中的经典菜肴,属于川菜系列。它以口味独特、色泽红亮、肥而不腻的特点而闻名,是下饭菜中的首选。

2. 菜肴制作

（1）回锅肉的加工工艺流程　炒制—出餐。
（2）回锅肉的加工制作

原料	主辅料	蒜苗 100 g、带皮猪后腿肉 650 g
	调味料	豆豉 10 g、甜面酱 10 g、酱油 0.5 g、郫县豆瓣酱 25 g、葱姜各 10 g、花椒 0.5 g
加工步骤		1. 猪肉整理干净,放入水锅中；加葱、姜、花椒粒烧沸,撇去浮沫；煮至八成熟捞出晾凉。 2. 将晾凉的猪肉切成长 5 cm、厚 0.3 cm 肥瘦相连的大片；豆瓣酱用刀斩细,蒜苗洗净切成 4 cm 长的段。 3. 炒锅置旺火上烧热,加入底油,烧至五成热；下入肉片,炒至吐油,呈灯盏窝状时,将斩细的豆瓣酱放入,炒至上色；再放入甜面酱、豆豉,炒出香味,放入酱油炒匀,下入蒜苗,炒至断生,起锅装盘
技术关键		猪肉煮至皮软,约八成熟为好；肉片要大小均匀、厚薄一致；中火炒菜,要求肉片成灯盏窝状
成品特点		色泽红润,鲜香味浓,咸辣微甜
类似菜品		炒麻花肚、金钱大肠等

二十七 水炒鸡蛋

1. 菜肴介绍

水炒鸡蛋是一道具有地方特色的菜肴,主要流行于陕西咸阳长武地区,被称为水炒或软炒。

2. 菜肴制作

(1) 水炒鸡蛋的加工工艺流程 炒制—出餐。

(2) 水炒鸡蛋的加工制作

原料	主辅料	水发木耳10g、胡萝卜10g、鲜香菇10g、泡虾米10g、火腿10g、菠菜10g、带皮猪后腿肉650g
	调味料	姜汁5g、花椒2g、盐5g、香油10g
加工步骤		1. 鸡蛋打在碗中;香菇去蒂,胡萝卜洗净,木耳摘蒂洗净,菠菜叶洗净,都切成指甲般大小的象眼片。 2. 将香菇片、胡萝卜片、木耳片、菠菜叶片一起放入开水锅内氽一下,取出控干水。 3. 大的虾米切碎,熟火腿也切成象眼片。 4. 锅内放清水约300g,加盐烧沸后,将鸡蛋倒入;用勺贴锅底轻轻推动到全部结块,再将香菇、木耳、火腿、胡萝卜、菠菜、海米等全部倒入;烧沸,炒匀,加盐、姜汁调味,起锅倒在汤盘中,浇上香油即成
技术关键		锅烧热,倒入搅好的鸡蛋用手勺贴着锅推动,待形成脑状,迅速加入各种配料,炒至汤汁干时;浇上香油;锅要光滑、擦净、避免粘锅
成品特点		清鲜、香美、软糯、五色缤纷
类似菜品		水炒青菜等

二十八　鱼香肉丝

1. 菜肴介绍

鱼香肉丝是一道著名的川菜,以其独特的鱼香味和丰富的口感而闻名。

2. 菜肴制作

(1) 鱼香肉丝的加工工艺流程　炒制—出餐。
(2) 鱼香肉丝的加工制作

原料	主辅料	猪瘦肉 350 g,水发木耳丝 50 g,玉兰片丝各 50 g
	调味料	泡辣椒末 30 g,清汤 20 g,盐 2 g,姜丝 5 g,蒜片 10 g,葱花 10 g,酱油 8 g,醋 30 g,糖 30 g,湿淀粉 25 g
加工步骤		1. 猪肉切成长 7 cm、粗 0.3 cm 的丝,加盐、料酒、湿淀粉,抓匀。 2. 清汤、葱花、酱油、醋、盐、糖调成芡汁。 3. 炒锅上火烧热,加底油烧至六成热;下入肉丝炒散,加泡辣椒、姜、蒜、葱炒香,放入木耳丝、玉兰片丝炒匀,烹入芡汁,翻炒均匀,出锅装盘即成
技术关键		确保味形,热锅温油,避免粘锅
成品特点		菜色红亮,肉质细嫩,咸辣酸甜辛香,浓郁的鱼香风味十分突出
类似菜品		宫保鸡丁、家常羊肉等

二十九　清炒虾仁

1. 菜肴介绍

清炒虾仁是一道经典的苏菜系菜肴,以其鲜香清爽的口感和丰富的营养价值而闻名。

2. 菜肴制作

(1) 清炒虾仁的加工工艺流程　炒制—出餐。

(2) 清炒虾仁的加工制作

原料	主辅料	大青虾 500 g
	调味料	精盐 3 g、料酒 5 g、鸡蛋清 25 g、湿淀粉 15 g、鲜汤 20 g、明矾 5 g、清水 2 kg
加工步骤		1. 将明矾放入清水，活虾放入明矾水中闷 10 min；待虾死后，挤出虾仁；用清水漂洗，用竹筷搅打，除净虾肠和红筋，沥净水分；加盐、鸡蛋清、湿淀粉上浆。 2. 取碗一只，加鲜汤、盐、湿淀粉调成芡汁。 3. 炒锅上火加入油，烧至三成热；将浆好的虾仁倒入，轻轻划开，至呈乳白色，倒出沥油；锅留底油，倒入虾仁，烹入料酒，倒入兑好的汁芡翻匀，淋油，出锅装盘即成
技术关键		选用个体均匀的鲜活大青虾(河虾)为好；挤虾仁时要掌握好手法，保证净料率；上浆要均匀，以免脱浆；热锅温油，掌握好火候
成品特点		虾仁洁白，滑嫩鲜香，汁紧油亮，营养丰富
类似菜品		清炒花枝片、清炒鲜贝等

三十　炒牛心菜

1. 菜肴介绍

炒牛心菜是一道简单易做、口感清脆的家常菜，适合各种烹饪技巧和口味偏好。

2. 菜肴制作

(1) 炒牛心菜的加工工艺流程　炒制—出餐。

(2) 炒牛心菜的加工制作

原料	主辅料	牛心菜 400 g
	调味料	干辣椒段 25 g,酱油 15 g,盐 3 g
加工步骤		1. 去掉牛心菜老叶、黄叶,按压松散,撕成 7~8 cm 的见方的片。 2. 锅内加底油,烧热;下入辣椒段,煸炒出香味,至褐红色;放入牛心菜翻炒,淋入水;待牛心菜变色后加盐、酱油,中火翻炒均匀,入味后出锅即可
技术关键		牛心菜要选质嫩且翠绿的;烹炒时要旺、中火结合,保证质感
成品特点		脆嫩香辣,咸鲜利口
类似菜品		炝炒小白菜等

三十一　烹虾段

1. 菜肴介绍

烹虾段是一道色香味俱佳的菜肴,制作方法多样。

2. 菜肴制作

(1) 烹虾段的加工工艺流程　炒制—出餐。
(2) 烹虾段的加工制作

原料	主辅料	对虾 400 g
	调味料	葱姜丝 5 g,蒜片 5 g,料酒 25 g,香醋 5 g,酱油 15 g,盐 3 g,白砂糖 3 g,干淀粉 30 g,香油 5 g

续 表

加工步骤	1. 虾从眼处剪起,剪去虾枪、须、小爪、尾尖,背上剪口,除去头部沙包,挑去沙线,改成4段;放盆内,加料酒、精盐、淀粉抓匀。 2. 取碗一只,料酒、醋、酱油、精盐、高汤、白糖、葱姜丝、蒜片,调成清汁。 3. 油锅上火,烧至七成热,下入虾段,炸熟捞起;旺火将油再烧至八成热,下入虾段复炸,使虾外皮酥脆,捞出沥油。 4. 原锅上火,将虾回勺,迅速烹入调好的清汁,快速颠翻均匀,淋香油出锅即成
技术关键	选择新鲜大虾;清理时挑沙包的剪口不宜过大,注意保持虾头的完整,避免虾油流出;炸制虾段时油温要高,高油温快速炸制才能保证虾段外脆里嫩;翻炒速度要快,时间过长会导致虾肉变老,外皮变软
成品特点	颜色杏红,口味鲜咸,外酥脆内鲜嫩
类似菜品	烹鱼片、烹鸡条等

三十二　滑烹驼峰丝

1. 菜肴介绍

滑烹驼峰丝是一道以驼峰为主要食材的传统菜肴,其制作过程精细,口感滑嫩,营养丰富。

2. 菜肴制作

（1）滑烹驼峰丝的加工工艺流程　炒制—出餐。
（2）滑烹驼峰丝的加工制作

原料	主辅料	驼峰 300 g、胡萝卜 50 g、香菜梗 40 g
	调味料	料酒 10 g、米醋 3 g、盐 4 g、鸡蛋清 15 g、干淀粉 10 g

加工步骤	1. 驼峰切成长 8 cm、粗 0.2 cm 的丝,胡萝卜切成长 7 cm 粗、0.2 cm 的丝,香菜梗切 5 cm 长的段。 2. 将驼峰丝在 90℃ 的热水中氽烫片刻,立即捞出,用干毛巾擦吸去水分;加入精盐、料酒、鸡蛋清、干淀粉抓匀,与胡萝卜丝一起下入二成热油锅中,滑散至熟捞出。 3. 锅留底油,姜葱蒜、香菜段炝锅,下入驼峰丝,胡萝卜丝,加盐翻炒;烹醋出锅装盘即成;盘边围摆用鸡茸、胡萝卜、花椒籽、油菜叶蒸制成熟的小鸟,即成玉鸟驼峰丝
技术关键	驼峰焯水水温为 80～90℃,滑油油温为 70℃
成品特点	富含脂质,咸鲜软嫩,不肥不腻
类似菜品	滑烹里脊丝等

三十三 煎烹带鱼

1. 菜肴介绍

煎烹带鱼是一道家常菜,主要食材是带鱼,调料包括大葱、姜、盐等。制作方法包括腌制和煎炸两个步骤。

2. 菜肴制作

(1) 煎烹带鱼的加工工艺流程　腌制—炒制—出餐。
(2) 煎烹带鱼的加工制作

原料	主辅料	带鱼 400 g
	调味料	料酒 20 g、盐 3 g、酱油 5 g、米醋 3 g、葱姜丝各 5 g、葱姜水 5 g、干淀粉 50 g、香菜段 5 g、干辣椒末 4 g、花椒粉 1 g、香油 1 g

加工步骤	1. 带鱼整理干净,切成边长 3~4 cm 的菱形段,加入料酒、葱姜水、盐腌渍。 2. 取碗一只,加入料酒、酱油、花椒粉、葱姜丝、香菜段、干辣椒末、醋、香油,调成清汁。 3. 煎锅烧热,加入底油,将带鱼逐个沾上一层干淀粉下锅,中小火煎至两面金黄色至熟,烹入调好的清汁拌匀出锅即成	
技术关键	带鱼沾淀粉时,要沾滚均匀;调制清汁时口味应清淡	
成品特点	色泽金黄,外皮干香,肉质鲜嫩	
类似菜品	烹汁里脊、煎烹鸡丝等	

三十四 烧蹄筋

1. 菜肴介绍

烧蹄筋是一道美味可口、营养丰富的传统菜肴。

2. 菜肴制作

(1)烧蹄筋的加工工艺流程　煮制—烧制—出餐。
(2)烧蹄筋的加工制作

原料	主辅料	水发蹄筋 400 g
	调味料	料酒 20 g,精盐 5 g,白糖 2 g,白胡椒粉 2 g,葱姜各 20 g,湿淀粉 15 g,香油 10 g,鲜汤 750 g,鸡油 25 g
加工步骤		1. 水发猪蹄筋切条;葱姜各切成段、片,拍松;水锅上火烧沸,将蹄筋下入,焯水捞出。 2. 锅内加入鲜汤、葱段、姜片、料酒、鸡油,倒入蹄筋烧沸;转小火煨 5 min,入味后,捞弃葱姜,沥干汤汁。

续 表

	3. 锅洗净上火,加入底油;烧至五成热时,放入葱段、姜片,炸出香味;加鲜汤、料酒,烧沸后,捞弃葱姜;下入蹄筋,加盐、白糖、白胡椒粉,旺火烧沸,转小火烧至入味;用湿淀粉勾芡,淋香油,出锅装盘即成。盘边可摆上熟玉米段和熟西蓝花	
技术关键	蹄筋在切配前要将残肉剔除净;烧制前要采用鲜汤煨制,使之增鲜入味	
成品特点	咸鲜明亮,滑韧柔润	
类似菜品	翠鱼肚、虾籽鱼皮等	

三十五　葱烧海参

1. 菜肴介绍

葱烧海参是一道经典的鲁菜,以其独特的口感和丰富的营养价值而闻名。这道菜的主要原料包括海参和葱。通过精心烹饪,使得海参的鲜美与葱的香味完美融合,口感醇厚。

2. 菜肴制作

(1)葱烧海参的加工工艺流程　煮制—烧制—出餐。
(2)葱烧海参的加工制作

原料	主辅料	水发海参400 g,大葱白150 g
	调味料	料酒25 g,精盐3 g,酱油15 g,绵白糖5 g,姜25 g,鲜汤1 kg,湿淀粉20 g,熟猪油75 g
加工步骤		1. 水发海参斜刀片成7 cm×3 cm×0.5 cm的长方形片,大葱切成6 cm长的段,姜切片。 2. 锅置旺火上,加清水烧沸;将海参焯水,捞出沥净水分。 3. 另起锅,加入鲜汤、葱段、姜片、精盐、料酒、海参,旺火烧沸后微火煨制片刻,倒入沥净汤汁,拣弃葱姜;炒锅内加熟猪油,烧到五成热,放葱段炸至金黄色捞出,将葱油倒入碗内;锅内留油50 g,放入炸好的葱段及鲜汤、海参、料酒、酱油、精盐、绵白糖,烧沸后,用湿淀粉勾芡;再以中火烧透收汁,待汁浓后淋入葱油,出锅装盘

续 表

技术关键	海参烹调前一定要用鲜汤煨制,葱油不可炸糊
成品特点	色泽红褐,鲜美适口,海参香嫩,葱香四溢
类似菜品	葱烧鱼皮、葱烧蹄筋等

三十六　大葱烧木耳

1. 菜肴介绍

大葱烧木耳是一道家常菜,以木耳和大葱为主要食材,搭配适量的调味料烹饪而成。这道菜不仅味道鲜美,还具有丰富的营养价值和健康功效。

2. 菜肴制作

（1）大葱烧木耳的加工工艺流程　煮制—烧制—出餐。
（2）大葱烧木耳的加工制作

原料	主辅料	水发木耳 350 g、大葱段 80 g
	调味料	酱油 10 g、盐 5 g、鸡汤 100 g、湿淀粉 25 g、葱油 50 g、老抽 5 g
加工步骤		1. 木耳撕成 4 cm×3 cm 的块,余水捞出,控净水。 2. 锅内下底油,烧至五成热；下葱段,小火炸至金黄色；下入木耳,加入酱油、鸡汤、盐烧至入味；加老抽调色,勾芡,淋油出锅
技术关键		炸葱油时要小火慢炸,避免过火
成品特点		柔脆咸鲜,葱香浓郁
类似菜品		蒜香蹄筋、葱烧鱿鱼等

三十七　红烧肉

1. 菜肴介绍

红烧肉是一道著名的中式菜肴,以其肥而不腻、香甜松软、入口即化的特点而广受欢迎。

2. 菜肴制作

（1）红烧肉的加工工艺流程　烧制—出餐。
（2）红烧肉的加工制作

原料	主辅料	带皮猪五花肉 1 000 g
	调味料	葱段 50 g、姜片 40 g、蒜瓣 60 g、大料粒 15 g、花椒粒 15 g、桂皮 6 g、盐 5 g、糖 30 g、酱油 30 g、鲜汤 1 kg
加工步骤		1. 五花肉洗净,切 4 cm 见方的块备用;用纱布将大料、花椒、桂皮包好备用。 2. 锅上火烧热,加入底油,凉油下入白糖;用铲子慢慢炒至糖变成深红色,烹入酱油;下入切好的五花肉,不停地煸炒,至糖色裹匀,肉微微出油;加入 60℃ 左右的温水,至刚好没过肉,加料酒、盐、葱姜蒜;放入香料包后大火烧开,盖盖变小火,慢慢加热至五花肉松软入味。 3. 拣去香料包,大火将汤汁收到红亮浓稠即可出锅
技术关键		选用膘薄五花肉;正确掌握火候,烧制过程中要勤晃动锅,以免煳锅;烧制的时间应根据肉的老嫩而定,以酥烂入味、不失其形为准
成品特点		色泽红亮,酥烂味厚,咸甜适中,不肥不腻
类似菜品		红烧鸡块、红烧排骨等

三十八 花芸豆烧牛尾

1. 菜肴介绍

花芸豆烧牛尾是一道美味且营养丰富的菜肴。

2. 菜肴制作

(1) 花芸豆烧牛尾的加工工艺流程　烧制—出餐。
(2) 花芸豆烧牛尾的加工制作

原料	主辅料	去皮牛尾 400 g、花芸豆 200 g、猪五花肉 30 g、鸡下脚料 30 g
	调味料	大葱 15 g、姜片 20 g、蒜 25 g、料酒 15 g、花椒 3 g、八角 3 g、桂皮 2 g、茴香 1 g、酱油 25 g、老抽 5 g、草果 1 g、胡椒粉 10 g、猪油 20 g
加工步骤		1. 将牛尾切 2 cm 厚的段，浸泡半天至肉色发白；将大块的一改四，中块的一改二，焯水冲凉；擦干水分，加料酒、盐、干淀粉，拌匀；下七成油温中炸至金黄，捞出。 2. 炒锅上火，下五花肉、鸡下脚料，炒至金黄色出油；下入姜、蒜肉、葱，炒香后再下花椒、八角、桂皮、草果炒香，装入料包待用。 3. 锅中加水，下牛尾；烧开，加酱油、盐调味，用老抽调色；放入料包，再放白胡椒粉；改用高压锅压 20～30 min，至酥软，开盖收汤。 4. 花芸豆用冷水浸泡一天，完全醒发后入鸡汤中；加东古酱油调口，加入猪油；用高压锅压 8 min，口感软糯沙；将牛尾和花芸豆入不粘锅收汁，勾薄芡，淋明油出锅
技术关键		牛尾要冲净血水，掌握好火候，小火收汁
成品特点		软烂脱骨，咸鲜味美
类似菜品		黑豆高原鸡等

三十九 干烧明虾

1. 菜肴介绍

干烧明虾是一道具有浓郁风味的菜肴,主要材料包括明虾、肉末、酒酿、洋葱末、姜末、蒜末、榨菜末等。

2. 菜肴制作

(1) 干烧明虾的加工工艺流程 烧制—出餐。
(2) 干烧明虾的加工制作

原料	主辅料	猪肥瘦肉 100 g,大明虾 1 kg
	调味料	豆瓣酱 20 g,精盐 2 g,料酒 10 g,绵白糖 10 g,米醋 5 g,酱油 5 g,麻油 25 g,葱花 10 g,姜蒜末各 10 g,鲜汤 200 g
加工步骤		1. 从大虾背部顺割一刀,摘去虾肠;猪肉切成 0.4 cm 的粒,豆瓣酱斩细。 2. 炒锅上火,加入油烧至七成热;下入大虾,炸至外壳起脆、呈红色,捞起沥油;锅内留油,放入猪肉粒,炒至酥香,再下少许酱油起锅,装入碗内。 3. 另起锅烧热,加入底油,烧至四成热;下豆瓣酱炒香出色,然后下葱花、姜、蒜末、熟肉末、鲜汤;放入大虾,加料酒、精盐、米醋、绵白糖,用中火烧 10 min;将虾翻身,最后用旺火收汁,淋麻油起锅装盘。

技术关键	大虾要新鲜无异味、头爪齐全、色泽光白,初加工时一定要剔除虾肠;入油锅炸时间不可过长,避免外壳爆裂,肉质变老;正确掌握火候和调味汁
成品特点	色泽红亮,质地脆嫩,咸鲜香辣
类似菜品	干烧蟹块、干烧海鳗、干烧冬笋等

四十　扒猴头

1. 菜肴介绍

扒猴头是一种以猴头菇为主要食材的经典中式菜肴,具有丰富的营养价值和独特的口感。

2. 菜肴制作

(1) 扒猴头的加工工艺流程　压制—出餐。
(2) 扒猴头的加工制作

原料	主辅料	水发猴头菇 400 g
	调味料	熟火腿 25 g,葱姜各 15 g,料酒 15 g,精盐 5 g,麻油 10 g,鲜汤 150 g,湿淀粉 15 g
加工步骤		1. 洗净猴头菇,用刀劈成约 0.3 cm 的厚片,均匀码放在 18 cm 圆凹盘中。 2. 葱切段,姜切片;将火腿切成薄片,排放在猴头菇上;再放姜片、葱段。 3. 料酒、精盐、鲜汤调和,浇在猴头菇上。 4. 蒸锅上火,将摆在圆凹盘中的猴头菇入笼,蒸至酥软。 5. 蒸好的猴头菇倒出原汁,拖至圆盘中间。 6. 炒锅上火,加蒸猴头原汁、精盐,用湿淀粉勾芡,淋麻油,浇在猴头菇上即成
技术关键		蒸制时,要小火蒸透;摆放时,要均匀整齐
成品特点		鲜咸柔软,色泽白亮
类似菜品		白扒蒲菜、白扒鱼肚等

四十一 扒驼蹄

1. 菜肴介绍

扒驼蹄是一道传统古馔,属于豫菜系列。

2. 菜肴制作

(1) 扒驼蹄的加工工艺流程 压制—出餐。
(2) 扒驼蹄的加工制作

原料	主辅料	干驼蹄一只(约 1.2 kg)、水发香菇 20 g、冬笋 50 g、鸡腿肉 250 g、猪瘦肉 250 g
	调味料	料酒 50 g、绵白糖 15 g、酱油 50 g、葱 25 g、姜 20 g、茴香 5 g、白胡椒粉 2 g、精盐 3 g、麻油 15 g、花椒粒 5 g、湿淀粉 15 g、鲜汤 1 kg、熟猪油 75 g
加工步骤		1. 驼蹄用火将毛燎净,用热碱水刷去油污,再用温水洗净,在冷水锅中慢火焖煮约 6 h;捞出,去净余毛和老茧,从蹄背面去骨洗净;再放冷水锅中,加葱、姜、料酒,煮沸约 1 h;捞出放盆中,加鲜汤、茴香、葱、姜、花椒粒,上笼蒸至发透、无异味。 2. 将驼蹄用刀修改整齐,用纱布包好;猪肉切块。 3. 炒锅置火上,加入熟猪油,放入葱、姜炸香;加入鲜汤、料酒、酱油、精盐、绵白糖、鸡腿、肉块,再放入驼蹄;烧沸后撇去浮沫,移至中火加热至驼蹄软烂,捞出装盘(去掉纱布)。 4. 将汤汁中的鸡腿、肉块、葱姜捞出,加入香菇、冬笋;烧开后用湿淀粉勾芡,淋入麻油,浇在驼蹄上即成
技术关键		发料时必须认真对待每个环节,烹制时要注意形态完整
成品特点		色泽红润,柔劲软糯,咸鲜醇厚
类似菜品		扒熊掌、扒猪脸等

四十二　水煮鳝片

1. 菜肴介绍

水煮鳝片是一道经典的川菜,以其鲜香麻辣的口感和丰富的营养价值而受到广泛喜爱。

2. 菜肴制作

(1) 水煮鳝片的加工工艺流程　煮制—调制—出餐。
(2) 水煮鳝片的加工制作

原料	主辅料	大活鳝鱼 600 g,西芹 100 g,青莴苣 100 g,蒜苗 100 g
	调味料	精盐 4 g,酱油 15 g,绵白糖 5 g,料酒 20 g,郫县豆瓣辣酱 50 g,姜末 5 g,干红椒 10 g,花椒 5 g,鲜汤 300 g,湿淀粉 50 g
加工步骤		1. 鳝鱼肉斜刀切成长约 4 cm 的段,加入精盐、料酒、湿淀粉上浆。 2. 西芹切成长约 4 cm 的条,青笋切成 4 cm×1 cm 的长片,蒜苗切成 3 cm 的段,豆瓣辣酱剁细,花椒剁细,分别放置。 3. 干红椒去蒂后,用少量油在锅中炒一下,然后剁成茸末状。 4. 炒锅上旺火烧热,加油烧热后,放入豆瓣辣酱,煸至油红起香;下芹菜条、莴苣片、生菜、蒜苗,煸炒几下,加入鲜汤、酱油、精盐、料酒、姜末,烧沸后略煮 1~2 min 至断生;用漏勺捞出,装入盆中垫底。 5. 将鳝片用筷子轻轻拨入锅中,烧沸去净浮沫;再继续煮至鳝片熟透、汤汁浓稠;盛在盆中的蔬菜上面,上面撒花椒、干红椒末;另起锅,将色拉油烧至八成热,浇在鳝片上即成
技术关键		豆瓣酱要炒出红油和香味,鳝片要煮得爽脆鲜香
成品特点		滋味鲜香麻辣,鳝鱼质嫩爽口,具有麻、辣、烫的特点
类似菜品		水煮肉片、水煮鱼片等

四十三　手扒羊肉

1. 菜肴介绍

手扒羊肉是一道源自内蒙古的传统美食,以其独特的烹饪方法和鲜美的口感而闻名。

2. 菜肴制作

(1) 手扒羊肉的加工工艺流程　煮制—出餐。

(2) 手扒羊肉的加工制作

原料	主辅料	草原牧场生长的羊一只
	调味料	精蒜蓉辣酱、酱油、米醋、葱花、盐、香菜末、辣椒末、香油
加工步骤		1. 采用传统的掏心法宰杀活羊,由于心脏骤然收缩,全身血管扩张,肉质鲜嫩。 2. 羊带骨分解成块放在清水锅里,不加盐等调味佐料,用旺火煮。待水滚沸,肉断生,立即出锅上桌食用。 3. 食用时蘸上用蒜蓉辣酱、酱油、米醋、葱花、盐、香菜末、辣椒末、香油调制好的佐料
技术关键		选草原牧场生长的活羊,肉煮至断生时捞出即可
成品特点		其肉鲜嫩,原汁原味;辅以蒜蓉辣酱、酱油、米醋、辣椒末、葱花、香菜末、香油等调味佐料再食用,味道独特;以手撕得名,极具民族特色,醇香味美
类似菜品		蒜泥肘子、白斩鸡等

四十四　红煨牛腩

1. 菜肴介绍

红煨牛腩是一道色香味俱佳的菜肴,以其软烂入味的特点深受人们喜爱。

2. 菜肴制作

(1) 红煨牛腩的加工工艺流程　压制—出餐。
(2) 红煨牛腩的加工制作

原料	主辅料	牛腩 1 kg
	调味料	酱油 25 g、精盐 4 g、料酒 20 g、葱白 20 g、姜 15 g、胡椒粉 2 g、花椒粒 3 g、茴香粒 2 g、大料粒 3 g、蒜 10 g、绵白糖 5 g、牛肉汤 1 kg、蒜苗粒 5 g
加工步骤		1. 牛腩切成大块,入清水洗净后,再入沸水锅中煮至断生;捞出,切成约 3 cm 见方的块;葱白切段,蒜苗切粒,姜及蒜切片;炒锅上旺火,烧热后加入色拉油,下入葱、姜、蒜、花椒粒、大料粒、茴香粒炒香;下入牛腩块继续煸炒,烹入料酒、酱油;加入牛肉汤、精盐、绵白糖,烧沸后撇去浮沫。 2. 取大砂锅一只,将烧沸的牛腩倒入砂锅中,上火烧沸后加盖;移至小火煨 1～1.5 h,至牛腩酥烂;拣弃葱姜、花椒粒、大料粒、茴香粒,加入蒜苗粒、胡椒粉,调匀
技术关键		酱油用量不宜多,牛腩改块大小均匀,煨制用微火
成品特点		红润光亮,软烂咸鲜,汤汁宽浓
类似菜品		红煨鳗段等

四十五　白煨脐门

1. 菜肴介绍

白煨脐门是淮扬菜中的一道名菜,以其独特的烹饪方法和鲜美的口感而闻名。这道菜的主要原料是鳝鱼的腹部肉,也称为脐门,富含蛋白质,具有强身、健乳的药效。

2. 菜肴制作

(1) 白煨脐门的加工工艺流程　压制—出餐。
(2) 白煨脐门的加工制作

原料	主辅料	熟鳝鱼腹肉 500 g
	调味料	蒜瓣 150 g、精盐 5 g、料酒 15 g、白酱油 20 g、白胡椒粉 3 g、白醋 2 g、虾籽 0.5 g、鲜汤 500 g、熟猪油 100 g
加工步骤		1. 熟鳝鱼腹肉撕成长约 8 cm 的段,洗净后放入沸水中略烫,捞出,沥净水分。 2. 猪油入锅,烧至七成热,放入蒜瓣,炸至浅金黄色起香后,将锅离火;蒜瓣在油中浸 3 min 左右捞出。 3. 取砂锅一只,放入特制的竹垫,将炸过蒜瓣的猪油倒入;放入鳝肉,加入白醋、精盐、料酒、虾籽、鲜汤,加盖;用旺火烧沸后移小火上煨 1 h;至鳝肉酥烂,再放入蒜瓣煨约 10 min 后,取出竹垫,撒上白胡椒粉即可上桌
技术关键		煨制一定要垫竹垫,防止粘锅;煨制要掌握好火候,以达到菜肴软糯之口感
成品特点		选料讲究,制作精细,汤汁乳白,肉质软糯酥烂
类似菜品		白煨鲶鱼、白煨裙边等

四十六　红焖鸡腿

1. 菜肴介绍

红焖鸡腿是一道色香味俱佳的家常菜,以其鲜嫩的鸡肉和浓郁的酱汁而著称。

2. 菜肴制作

(1) 红焖鸡腿的加工工艺流程　压制—出餐。
(2) 红焖鸡腿的加工制作

原料	主辅料	鸡腿 10 只(约 750 g)
	调味料	料酒 30 g、精盐 5 g、酱油 30 g、葱段姜片各 20 g、绵白糖 15 g、鲜汤 1 kg、红曲米汁 50 g
加工步骤		1. 鸡腿加入料酒、盐,腌渍。 2. 油锅上火,烧至油五成热;逐个放入鸡腿,炸至浅棕色,捞出沥油。 3. 另起锅,加入鲜汤、红曲米汁、料酒、盐、酱油、白糖,放入鸡腿、葱段、姜片烧沸,撇去浮沫;盖上锅盖,移至小火焖约 1 h,至鸡腿酥烂;拣弃葱姜,用旺火收汁,出锅即成
技术关键		严格掌握焖制火候;保持鸡腿完整,避免表皮炸裂
成品特点		色泽红润,肉质酥香,汁味浓厚
类似菜品		红焖鹌鹑、红焖牛肉等

四十七　黄焖鸭

1. 菜肴介绍

黄焖鸭是一道以鸭肉为主要食材,通过焖制工艺制作的菜肴。其特点是鲜嫩入味,非常下饭。

2. 菜肴制作

（1）黄焖鸭的加工工艺流程　压制—出餐。
（2）黄焖鸭的加工制作

原料	主辅料	净光鸭 1 kg
	调味料	精盐 5 g、酱油 35 g、绵白糖 15 g、葱姜各 5 g、料酒 15 g、花椒粒 5 g、茴香粒 6 g、鲜汤 1.5 kg
加工步骤		1. 光鸭洗净,斩成 4 cm 见方的块,加酱油拌匀;下入六成油锅,炸至表皮呈浅金黄色,捞出。 2. 锅上火,倒入鲜汤,加料酒、盐、白糖、葱姜、花椒、茴香粒;放入炸好的鸭块,用旺火烧沸,撇去浮沫;加盖移至小火,焖制约 2 h,至鸭肉酥烂、汤汁浓稠,拣弃葱姜、茴香粒,装盘即成
技术关键		焖制时要加盖,用小火;酱油不宜过多
成品特点		色泽淡黄、肉酥脱骨、滋味醇厚
类似菜品		黄焖鸡块、黄焖鸽块等

四十八　啤酒猪手

1. 菜肴介绍

啤酒猪手是一道结合了啤酒和猪手的美食,具有独特的鲜香口感和丰富的营养。

2. 菜肴制作

(1) 啤酒猪手的加工工艺流程　压制—出餐。
(2) 啤酒猪手的加工制作

原料	主辅料	猪手 5 只(约重 3 kg)
	调味料	啤酒 1 kg、精盐 10 g、绵白糖 20 g、酱油 50 g、葱段 80 g、姜片 60 g、花椒粒 15 g、大料粒 15 g、绵白糖 20 g
加工步骤		1. 猪蹄刴成大块,焯水捞出,放入凉水;浸泡凉透后,再下入六成热油锅中,炸成淡金黄色捞出。 2. 锅留底油,下入白糖,炒成金红色,倒入啤酒烧开;再加入水、酱油、盐、葱段、姜片、花椒、大料和猪手,烧沸;转至砂锅,加盖焖 1~1.5 h,直至汤汁浓稠、猪蹄软烂,出锅即成
技术关键		焖制时用小火,不可煳锅
成品特点		软烂脱骨,酒味香浓
类似菜品		啤酒焖羊肉、花生猪手煲等

四十九　油焖大虾

1. 菜肴介绍

油焖大虾是一道经典的鲁菜，主要使用清明前渤海湾的大对虾制作。这道菜鲜、香、甜、咸 4 种味道相辅相成，回味无穷。

2. 菜肴制作

（1）油焖大虾的加工工艺流程　压制—出餐。
（2）油焖大虾的加工制作

原料	主辅料	对虾 10 只
	调味料	料酒 20 g、绵白糖 25 g、精盐 5 g、葱段 10 g、姜片 10 g、鲜汤 200 g
加工步骤		1. 沿着虾背剖一刀，至肉内约 1/3，除去虾肠；油锅上火，烧至六成热；下入对虾，炸至断生，捞出沥油。 2. 锅留底油，姜片、葱段炸香后，加入鲜汤、料酒、绵白糖、盐、对虾，烧沸，加盖；移至小火焖 5～15 min，再移至旺火上收汁；淋入明油，出锅装盘即成
技术关键		对虾加工时要除去虾肠，炸时油温不宜过高
成品特点		色泽油亮，咸中带甜
类似菜品		油焖冬笋、油焖茄子等

五十　土豆焖金瓜

1. 菜肴介绍

土豆焖金瓜是一道色香味俱佳的家常菜，主要食材包括土豆和金瓜（南瓜）。通过简单的烹饪技巧，可以制作出松软可口、营养丰富的美味佳肴。

2. 菜肴制作

(1) 土豆焖金瓜的加工工艺流程　压制—出餐。

(2) 土豆焖金瓜的加工制作

原料	主辅料	净金瓜 300 g、净土豆 90 g
	调味料	猪油 30 g、花椒粉 1 g、葱花 10 g、蒜片 70 g、东古酱油 10 g、盐 5 g、清汤 100 g、湿淀粉 10 g
加工步骤		1. 金瓜切成 4 cm×6 cm 的三角块,土豆切成 3 cm×5 cm 的三角块。 2. 锅内加入猪油,下入葱花、蒜片炒香,烹入东古酱油;加清汤,放入土豆块、金瓜块;倒入高压锅,上火高压焖 3 min;出锅收汁,勾薄芡,淋猪油出锅
技术关键		选沙甜金黄的老金瓜;高压锅压的时间为 3～4 min,汁不能多
成品特点		绵软、咸甜、适口
类似菜品		玉米焖豆角、葫芦焖茄子等

五十一　清蒸桂鱼

1. 菜肴介绍

清蒸桂鱼是一道以桂鱼为主要食材的家常菜,具有咸鲜口味。桂鱼又称鳜鱼、鳌花鱼,属于脂科鱼类,肉质细嫩,刺少而肉多,味道鲜美,是中国四大淡水名鱼之一。

2. 菜肴制作

(1) 清蒸桂鱼的加工工艺流程　蒸制—出餐。

(2) 清蒸桂鱼的加工制作

原料	主辅料	鲜活桂鱼 1 条(1 kg)
	调味料	料酒 15 g、盐 3 g、葱姜片各 15 g、葱姜丝各 15 g、胡椒粉 2 g、香菜 4 g、红椒丝 5 g、蒸鱼豉油 15 g
加工步骤		1. 桂鱼宰杀,去鳞,去鳃,去内脏,洗涤干净;加料酒、盐、葱段、姜片腌渍;入蒸锅,大火蒸 10 min 至熟,取出。 2. 在鱼身上浇上蒸鱼豉油,撒上胡椒粉,放上葱姜丝、红椒丝、香菜段;将植物油烧至七成热,淋浇在鱼身上即成
技术关键		选择鲜活桂鱼,葱丝要放入冰水中浸泡
成品特点		鲜香细嫩,滋润暄软
类似菜品		清蒸螃蟹,豉汁鱼块等

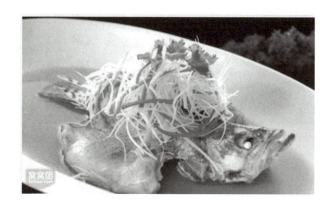

五十二　米粉肉

1. 菜肴介绍

米粉肉也称为粉蒸肉,是一道源自江西的经典菜肴,广泛流行于中国南方多个省份,包括四川、湖南、湖北等地。

2. 菜肴制作

(1) 米粉肉的加工工艺流程　蒸制—出餐。
(2) 米粉肉的加工制作

原料	主辅料	带皮五花猪肉 500 g
	调味料	五香米粉 150 g、酱油 15 g、甜面酱 20 g、绵白糖 10 g、料酒 15 g、葱姜丝各 20 g、麻油 30 g、精盐 3 g

续表

加工步骤	1. 五花肉切成长7 cm、宽2.5 cm、厚0.4 cm的片,放入盆内,加葱姜丝、酱油、甜面酱、绵白糖、精盐、麻油,拌匀腌渍30 min。 2. 将米粉与腌好的肉拌匀,肉皮朝下,整齐地摆在碗中;入笼蒸1 h至酥烂,取出扣在盘中即成
技术关键	肉片要厚薄、大小一致,米粉用量适宜(过多发干,过少发黏),肉要蒸至酥烂
成品特点	酥烂香,不肥腻,咸鲜、酱香回甜
类似菜品	粉蒸牛肉、米粉排骨等

五十三　蒜蓉粉丝扇贝

1. 菜肴介绍

蒜蓉粉丝扇贝是一道经典的粤式海鲜蒸菜,主要用料包括蒜蓉、粉丝和扇贝。这道菜美味可口,但制作过程相对复杂。

2. 菜肴制作

(1) 蒜蓉粉丝扇贝的加工工艺流程　蒸制—出餐。
(2) 蒜蓉粉丝扇贝的加工制作

原料	主辅料	鲜活扇贝10只、细粉丝60 g
	调味料	料酒20 g、盐10 g、蒜蓉120 g、小米椒10 g、葱姜水40 g、胡椒粉3 g、香葱粒20 g、红椒粒10 g
加工步骤		1. 扇贝洗干净,剖刀;细粉丝用水泡软;锅上火,加底油,下入蒜蓉,小火炸成金黄色。 2. 扇贝肉加料酒、盐、胡椒粉、葱姜水,拌匀腌渍;将泡好的粉丝放在贝壳里,上面再放腌好的扇贝肉;炸好的蒜蓉淋在肉上,上笼蒸5 min至熟;取出,撒上香葱粒、红椒粒、浇热油即成

续 表

技术关键	蒸时要旺火大汽,蒸 5 min 至断生即可
成品特点	咸鲜柔嫩,蒜香味美
类似菜品	蒜蓉粉丝大虾、蒜蓉粉丝娃娃菜等

五十四　牡丹鱼

1. 菜肴介绍

牡丹鱼是一道源自四川的经典菜肴,因其品相极好,曾是宫廷御菜。牡丹鱼的制作过程相对复杂,但成品的美观和口感都非常出色,深受广大民众喜爱。

2. 菜肴制作

(1) 牡丹鱼的加工工艺流程　蒸制—出餐。
(2) 牡丹鱼的加工制作

原料	主辅料	鲜草鱼一条(1 300 g)、青瓜皮 50 g
	调味料	鸡汤 250 g、水淀粉 25 g、盐 4 g、葱姜汁 15 g、鱼子 15 g
加工步骤		1. 鱼宰杀,去鳞,去鳃,去内脏,洗净;去头、尾、骨、皮,留下净鱼肉。 2. 将鱼肉放入清水中浸泡 1 h 取出;切成斜刀片,加入料酒、葱姜汁、盐,拌匀。 3. 青瓜皮刻成树叶形;将鱼肉用卷包法制成牡丹花形状,上笼蒸熟,取出摆入盘中;青瓜叶做花叶,鱼子做花蕊点缀。 4. 锅上火,加入鸡汤、料酒、盐,烧开;淋入湿淀粉勾芡,出锅,浇在做好的鱼肉上即成

续 表

技术关键	鱼肉要用清水浸泡；中火蒸制 5 min 即可
成品特点	软嫩、咸鲜、鲜美
类似菜品	玉米鱼、麻花鱼等

五十五　涮羊肉

1. 菜肴介绍

涮羊肉又称为羊肉火锅，是一道具有悠久历史的传统中式菜肴，尤其在北方地区广受欢迎。

2. 菜肴制作

（1）涮羊肉的加工工艺流程　煮制—出餐。
（2）涮羊肉的加工制作

原料	主辅料	鲜精绵羊肉 1 kg、粉丝 200 g、白菜心 200 g、豆腐 100 g、面条或水饺 150 g、芝麻烧饼 10 只、香菜 150 g
	调味料	腌韭菜花酱 50 g、芝麻酱 150 g、香腐乳 50 g、酱油 75 g、红油 50 g、卤虾油 50 g、黄酒 50 g、葱白 50 g、水发海米 25 g、水发香菇 50 g、糖蒜 100 g、鲜汤 1.5 kg
加工步骤		1. 羊肉切大薄片，装盘。要求薄、匀、齐、美。 2. 芝麻酱、料酒、酱豆腐、腌韭菜花、酱油、辣椒油、卤虾油、香菜末、葱花，分盛至小碗中端；至席前，由食者根据个人喜好调配。 3. 铜火锅内放入清水（可加入适量海米和口蘑汤），用炭火烧开后便可涮食。将少量羊肉片夹入火锅的沸汤中抖散，当肉片变成白色时，蘸着配好的调料，就着芝麻烧饼和糖蒜吃。 4. 肉片涮完后，再放入白菜头、粉丝或雪里蕻、冻豆腐、白豆腐等食用。还可以用涮肉的汤煮面条或煮饺子

技术关键	羊肉片要切得薄匀,涮肉时间不宜过长,以断生为好
成品特点	北京最佳风味之一,以羊肉为主,配以素菜;选料精细,肉片薄匀,辅料多样,自涮自吃,热烫鲜美;涮熟后的羊肉鲜嫩醇香,配以芝麻烧饼和糖蒜同吃,独具风味
类似菜品	毛肚火锅等

五十六　功夫鱼

1. 菜肴介绍

功夫鱼是一道结合了多种烹饪技巧的菜肴,因其制作过程颇为费时费力而得名。

2. 菜肴制作

(1) 功夫鱼的加工工艺流程　煮制—出餐。
(2) 功夫鱼的加工制作

原料	主辅料	鲤鱼一条(约1 200 g)、猪五花肉30 g、芹菜30 g、胡萝卜50 g、西红柿块30 g
	调味料	蒜40 g、鲜姜10 g、花椒1.5 g、大料1.5 g、茴香5 g、葱7 g、陈醋180 g、盐4 g、托县辣椒10 g、酱油10 g
加工步骤		1. 将鲤鱼去鳞、去鳃、去内脏,洗干净。 2. 炒锅上火,倒入色拉油,放入五花肉,炒至金黄色;放入大料、鲜姜、花椒、茴香、蒜,烹入醋、酱油炒出香味。 3. 加水烧开,放入鱼,再放入西红柿、芹菜、胡萝卜;中火炖1 h后,放入带根香菜,调小火炖4 h左右,至鱼骨酥软即成
技术关键		杀鱼时切勿把苦胆弄破,内脏一定要清洗干净;把握火候,小火慢炖4 h;炖鱼时勿加盖,骨酥肉紧,鱼形完整

续表

成品特点	鱼形整齐,骨酥肉紧,咸鲜味美
类似菜品	酥鲫鱼、酥排骨等

五十七　蟹粉狮子头

1. 菜肴介绍

蟹粉狮子头是江苏扬州、镇江地区的特色传统名菜,属于淮扬菜系。其口感松软,肥而不腻,营养丰富,制作方法多样,包括红烧、清蒸等。

2. 菜肴制作

（1）蟹粉狮子头的加工工艺流程　煮制—出餐。

（2）蟹粉狮子头的加工制作

原料	主辅料	蟹粉 100 g、青菜心 45 g、虾籽 20 g、蟹黄 80 g、净猪肋肉（肥七瘦三）400 g、猪肋骨 230 g、猪皮 200 g
	调味料	葱姜汁 20 g、精盐 10 g、黄酒 50 g、鲜汤 1 kg、湿淀粉 25 g
	加工步骤	1. 选用猪五花肋条肉,先批后切,细切粗斩（亦有只细切而不斩者,称一刀不黏狮子头）；放入葱姜汁、料酒、蟹粉（即熟蟹肉、蟹黄和蟹油）、虾籽；加鸡汤和少量湿淀粉、精盐,搅匀上劲,做成生坯。 2. 将水焯过的猪肋骨衬入砂锅底,上置肉皮（厨师谓加骨加皮猪肉为味方全）；再将狮子头生坯逐个放入沸水砂锅内,嵌上蟹黄,盖上烫软的青菜叶,加盖,以大火烧沸；微火烧炖约 2 h,中火略收稠汤汁即成。食时连砂锅上桌,揭开锅盖,挑去菜叶,用匀舀食
	技术关键	必须是肥七瘦三的五花猪肉,不能斩太细,否则达不到鲜香肥美的口感
	成品特点	醇香扑鼻,肥嫩鲜美
	类似菜品	清炖鸡孚、炖菜核等

五十八　千丝豆腐

1. 菜肴介绍

千丝豆腐是一道以豆腐为主要食材的特色菜肴,具有细腻的口感和独特的风味。

2. 菜肴制作

(1) 千丝豆腐的加工工艺流程　煮制—出餐。

(2) 千丝豆腐的加工制作

原料	主辅料	鲜内酯豆腐一盒(350 g)
	调味料	料酒 5 g、精盐 5 g、白胡椒粉 4 g、湿淀粉 40 g、鲜汤 1 kg
加工步骤		1. 豆腐切成长 8 cm、粗 0.1 cm 的细丝。 2. 锅上火,加入鲜汤、精盐、料酒、胡椒粉烧沸;用湿淀粉勾芡后,放入豆腐丝,搅匀,出锅盛入汤碗中即成
技术关键		豆腐切细丝要整齐均匀;烩制时用中火,保持微沸
成品特点		鲜咸、香稠、滑嫩
类似菜品		烩鸭舌掌、烩三丝等

五十九　猪肉烩酸菜

1. 菜肴介绍

猪肉烩酸菜是一道具有浓郁北方风味的家常菜,尤其在巴彦淖尔地区非常受欢迎。这道菜的主料是猪肉和酸菜,配料通常包括土豆和粉条,有时还会加入一些调味品如葱、姜、蒜等。

2. 菜肴制作

（1）猪肉烩酸菜的加工工艺流程　炒制—压制—出餐。
（2）猪肉烩酸菜的加工制作

原料	主辅料	猪五花肉200 g、酸菜240 g、豆腐80 g、土豆100 g、宽粉80 g
	调味料	葫油40 g、葱花15 g、姜粒8 g、蒜片10 g、大料面1 g、花椒面1 g、干姜面1 g、酱油20 g、盐3 g、0.5 cm宽的粉条70 g
加工步骤		1. 五花肉切成长4 cm、厚0.7 cm的片,酸菜切成0.5 cm宽的丝,土豆切成4 cm见方的滚刀块,豆腐切成0.5 cm厚、4 cm见方的片。 2. 葱花、花椒面、大料面、干姜面、东古酱油调成汁;热锅下入葫油,五花肉煸炒至出油有香味时,下入葱姜蒜炝锅;倒入碗汁,加开水、盐调好口味,倒入高压锅。 3. 将土豆块放入高压锅中压6 min至熟;然后下酸菜(洗菜时酸度要适中,不宜挤得太干)压15 min,再下宽粉压5 min即成
技术关键		酸菜酸度适中,菜烩好后要有汁,油不宜大
成品特点		营养丰富,咸鲜实惠
类似菜品		烩鲜菜等

六十　煎山药饼

1. 菜肴介绍

煎山药饼是一道健康美味的菜肴,主要原料包括山药、面粉、酵母、鸡蛋等。山药具有健脾养胃的功效,适合各个年龄段的人群食用。

2. 菜肴制作

(1) 煎山药饼的加工工艺流程　煎制—出餐。

(2) 煎山药饼的加工制作

原料	主辅料	山药 500 g、核桃仁 20 g、瓜子仁 20 g、松子仁 20 g、杏仁 20 g、花生仁 20 g、豆沙 50 g、青红丝 20 g
	调味料	绵白糖 100 g、桂花酱 15 g、干淀粉 25 g、色拉油 100 g、面粉 75 g、湿淀粉 5 g
加工步骤		1. 山药削皮洗净,入水盆浸泡,改段,上笼蒸至酥烂取出;压成细泥,放入盆中,加绵白糖、淀粉、面粉,和成团(做皮料)。 2. 5 种果料炒熟去壳,均斩成米状,加豆沙拌成馅料。 3. 将山药泥分 12 份,分别包入五仁馅料,团成圆球,并压成圆饼状。 4. 平锅上火烧热,倒入底油加热后,留余油少许,分别整齐排入 12 只山药饼;以中火煎至两面呈淡黄色,出锅码入盘中;锅中加少许清水,加入绵白糖、桂花酱,烧沸,勾玻璃芡,起锅浇在山药饼上,撒青红丝即成
技术关键		山药泥要细腻,五仁要用黏性馅料拌匀,否则易散
成品特点		淡黄、艳丽,外软糯,内香甜
类似菜品		八珍山药饼、寿桃山药饼等

六十一　锅贴里脊

1. 菜肴介绍

锅贴里脊是一道美味可口的传统菜肴。

2. 菜肴制作

（1）锅贴里脊的加工工艺流程　煎制—出餐。

（2）锅贴里脊的加工制作

原料	主辅料	猪里脊肉 200 g，猪肥膘肉 300 g
	调味料	鸡蛋清 15 g、干淀粉 50 g、湿淀粉 20 g、清汤 20 g、料酒 10 g、葱姜水 10 g、精盐 3 g、胡椒粉 2 g、香油 1 g
加工步骤		1. 猪肥膘肉放入水锅中，加热至八成熟；取出，切成长 5 cm、宽 2.5 cm、厚 0.6 cm 的长方片，用刀扎眼。 2. 猪里脊肉切成长 5 cm、宽 2.5 cm、厚 0.6 cm 的长方片，加料酒、葱姜水、精盐、鸡蛋清、湿淀粉，拌匀。 3. 肥膘肉在下，腌制好的里脊肉在上，相互粘贴在一起成长方片；在肥膘肉上沾一层干淀粉。 4. 取碗一只，清汤、料酒、葱姜水、精盐、胡椒粉、香油调成清汁；锅上火，加底油，烧至五成热；把沾好的肉片放入锅中煎制，只煎肥膘面一面。 5. 煎至肥膘肉出尽油，底面成浅黄色时，将油控出，倒入调好的清汁；盖上锅盖，至汁水收尽时，出锅即成
技术关键		要控制好火候
成品特点		一面金黄，一面白嫩，一菜两色，酥脆、软嫩、咸鲜
类似菜品		锅贴鱼片等

六十二　锅塌豆腐

1. 菜肴介绍

锅塌豆腐是一道具有浓郁地方特色的菜肴，主要流行于内蒙古地区。它以豆腐为主要原料，经过特殊的烹饪技巧制作而成，具有酥嫩鲜香的特点。

2. 菜肴制作

（1）锅塌豆腐的加工工艺流程　煎制—出餐。

（2）锅塌豆腐的加工制作

原料	主辅料	豆腐350 g、猪肉馅120 g
	调味料	鸡蛋液100 g、面粉30 g、淀粉30 g、清汤30 g、料酒20 g、酱油8 g、精盐3 g、葱姜末各10 g、香葱粒6 g、胡椒粉2 g、香油3 g
加工步骤		1. 将豆腐切成长5 cm、宽2.5 cm、厚1 cm的长方片；猪肉馅内加料酒、葱姜末、盐、香油，拌匀。 2. 每两片豆腐中间夹上肉馅，共夹12片，上笼蒸透。 3. 把鸡蛋液与淀粉、面粉搅拌均匀，成鸡蛋糊。 4. 取碗一只，清汤、料酒、酱油、精盐、胡椒粉、香油调成清汁。 5. 先在大盘中抹一层鸡蛋糊，将豆腐块排成两排，放在糊上，再在豆腐上抹一层蛋糊。 6. 炒锅上火，加底油，烧至五成热时，把豆腐推入锅内；煎至底面呈浅黄色后，翻过来再煎另一面；放入香葱粒，倒入调好的清汁，用大盘盖住，使之塌熟；至汁水收尽时，翻扣在盘内即成
技术关键		煎制豆腐时要控制好火候
成品特点		金黄鲜咸，鲜软焦嫩
类似菜品		锅塌鲍鱼、锅塌藕夹等

六十三　盐焗鸡

1. 菜肴介绍

盐焗鸡是广东省客家地区的传统美食,属于客家菜和东江菜。它起源于粤东一带,已有300多年的历史,是广东当地客家招牌菜式之一,现已成为享誉国内外的经典菜式。

2. 菜肴制作

（1）盐焗鸡的加工工艺流程　蒸制—烤制—出餐。
（2）盐焗鸡的加工制作

原料	主辅料	肥嫩母鸡1只(约1.4 kg)
	调味料	葱姜各10 g、芫荽25 g、粗盐5 kg、精盐12 g、味精5 g、茴香末3 g、沙姜粉2 g、麻油10 g、熟猪油120 g、色拉油15 g、香油5 g、纱纸2张
加工步骤		1. 鸡除去内脏洗净,除去爪上的硬壳;在鸡胸处划一刀,在颈骨上剁一刀(不要剁断),吊起晾干。 2. 纱纸一张,涮上色拉油;葱切段,姜切片;用精盐擦匀鸡腔,加入葱段、姜片,用未刷油的纸包好,再包上已刷油的纸。 3. 小火将锅烧热,下入精盐5 g炒热,放入沙姜粉,拌匀,取出即为沙姜盐;盛3小碟,每碟加入熟猪油15 g,供佐食用;将熟猪油75 g、精盐5 g和香油调成味汁。 4. 旺火烧热锅,下入粗盐,炒至略呈红色时,取1/4放入砂锅;把包好的鸡放入砂锅的粗盐上,然后将其余3/4的粗盐覆盖在鸡包上,盖上锅盖,再用小火焗约20 min即熟。 5. 把鸡取出,去掉纱纸,剥去鸡皮,将鸡肉撕成块,把鸡骨拆散;加入味汁拌匀,放在盘中(骨在底、肉在中间、皮盖在上面),呈鸡状,把芫荽放在鸡的两边即可
技术关键		盐焗是利用盐粒的余热将主料焗熟,故选用的主料应肥而嫩,不可老而瘦,否则难熟;用纸包裹紧原料,盐粒必须埋没纸包;炒盐温度要高,否则难以将原料焗熟;为保持盐的温度,亦可在烤箱内盐焗
成品特点		色泽黄亮、皮爽肉滑骨香,味鲜美有热盐的芳香
类似菜品		盐焗乳鸽、盐焗鲈鱼等

六十四 精品烤羊排

1. 菜肴介绍

精品烤羊排是一道色香味俱佳的菜肴,外焦里嫩,肉烂味香。

2. 菜肴制作

(1)精品烤羊排的加工工艺流程　煮制—烤制—出餐。
(2)精品烤羊排的加工制作

原料	主辅料	羊排 1 500 g、芹菜段 300 g、青尖椒段 80 g、胡萝卜块 100 g、西红柿块 60 g
	调味料	花椒粉 1 g、干姜粉 3 g、拍姜 120 g、胡椒粉 6 g、盐 30 g、花椒粒 6 g、茴香粒 12 g
加工步骤		1. 将羊排剁成 24 cm×27 cm 的大片,凹面直刀剖 0.5 cm 深;加盐、干姜面、花椒面腌制 2 h。 2. 烤箱上下火加热至 260℃,放入羊排烘烤 20 min 至羊排表面呈浅黄色出油后,下花椒粒、茴香粒出香味,撒盐,加芹菜、胡萝卜、西红柿、绿尖椒、拍姜等出香味,加开水不要漫过羊皮。 3. 关烤箱的上火,将底火升至 300℃,汤沸后再加热 35 min 左右,捞出。 4. 将皮改刀后,上下火调至 210℃再烘烤 20 min 左右,至羊肉软烂、表皮焦脆、出油后,改刀;配大片洋葱,装卡式炉,随带调料一起上桌即成
技术关键		羊排老嫩适中,掌握好火候
成品特点		色泽红亮,外皮酥脆,咸鲜香嫩,不膻不腻
类似菜品		烤羊腿、烤羊背等

六十五　烤猪方

1. 菜肴介绍

烤猪方是一道内蒙古传统的烤制菜肴,以其皮酥肉烂、肉香纯正、肥而不腻的特点而闻名。

2. 菜肴制作

(1) 烤猪方的加工工艺流程　煮制—烤制—出餐。

(2) 烤猪方的加工制作

原料	主辅料	猪方五花肉一块(1 kg)、芹菜段 30 g、胡萝卜 50 g、鸡蛋黄 110 g
	调味料	面粉 60 g、椒盐面 10 g、酱油、米醋、料酒各 20 g、甜面酱 70 g、葱丝 80 g、拍姜 20 g、花椒粒 3 g、荷叶饼 20 张
加工步骤		1. 将猪方肉放入水锅,加芹菜段、拍姜、胡萝卜块、花椒粒,烧煮至断生捞出;撕掉猪皮放在烤盘上;鸡蛋黄与面粉搅匀,制成蛋黄糊。 2. 用铁筷子在猪方肉上扎眼儿;把料酒、酱油、米醋抹在肉上,再撒上椒盐面。 3. 将调制好的蛋黄糊抹在方肉表面上,晾 15 min;烤箱加热至 140℃,烘烤 20~40 min 至猪方肉表面成浅黄色出油后,再将温度调至 180℃ 烘烤 20 min,至表面成金黄色出箱;改刀成长 10 cm、宽 3.5 cm、厚 0.6 cm 的长方片,蘸上甜面酱,配上葱丝,用荷叶饼包上即可食用
技术关键		猪方肉以靠近前腿的腹前部分较为完美,脂肪与瘦肉交织,色泽粉红,五花三层;蛋黄糊稠稀适中;掌握好烤制的时间与温度
成品特点		香嫩不腻,类似烤鸭的味道
类似菜品		烤羊背、烤鱼方等

六十六　拔丝苹果

1. 菜肴介绍

拔丝苹果是一道经典的鲁菜,以其香甜可口、外脆里嫩的口感而闻名。

2. 菜肴制作

(1) 拔丝苹果的加工工艺流程　炸制—出餐。
(2) 拔丝苹果的加工制作

原料	主辅料	苹果 230 g
	调味料	鸡蛋清 70 g、淀粉 40 g、面粉 30 g、植物油 30 g、绵白糖 70 g、熟芝麻 3 g、彩色朱古力针 2 g
加工步骤		1. 苹果洗净,去皮、心,切成 3 cm 见方的滚刀块;鸡蛋清加淀粉、面粉、植物油,调成蛋清酥糊。 2. 锅内放油,烧至六成热;苹果块挂糊,炸至外皮脆硬,呈金黄色时,倒出沥油;原锅留油 10 g,加入白糖,用勺不断搅拌至糖熔化;糖色呈淡黄色翻起小炮时,倒入炸好的苹果;锅离火,边颠翻,边撒上芝麻、朱古力针即可出锅装盘,快速上桌,随带凉开水一碗;食用时将苹果块在凉水中浸一下再入口,甜香酥脆
技术关键		掌握好炒糖时的火力
成品特点		金黄明亮,甜香酥脆,牵丝不断,饶有情趣
类似菜品		拔丝香蕉、拔丝山楂糕等

六十七　挂霜花生米

1. 菜肴介绍

挂霜花生米是一道经典的鲁菜,以其香甜可口、外脆里嫩的口感而闻名。

2. 菜肴制作

(1) 挂霜花生米的加工工艺流程　炒制—出餐。
(2) 挂霜花生米的加工制作

原料	主辅料	花生米 250 g
	调味料	绵白糖 200 g、清水 50 g
加工步骤		1. 将花生米入四成温油中浸炸,至酥脆时捞出。 2. 锅洗净,加清水和白糖,用小火搅动,熬制糖熔化,糖液冒大泡时,锅端离火;继续搅动,至大气泡消失;糖液翻起细密的小气泡时,迅速将花生倒入锅内,置阴凉通风处翻拌均匀,使糖液均匀地黏裹在花生的表面,呈白色结晶状,即可出锅
技术关键		炸花生米掌握好油温,熬糖时掌握好火候,糖液应均匀裹在花生外表
成品特点		色泽洁白,酥脆香甜
类似菜品		奶香花生、挂霜腰果等

六十八 蜜汁银杏

1. 菜肴介绍

蜜汁银杏是一道色香味俱佳的菜肴,主要食材包括银杏(白果)和蜂蜜,具有香糯酥烂、汤汁甜醇的特点,带有桂花香,适合搭配美酒美食。

2. 菜肴制作

(1) 蜜汁银杏的加工工艺流程 煮制—出餐。
(2) 蜜汁银杏的加工制作

原料	主辅料	带壳银杏 600 g
	调味料	绵蜂蜜 250 g,绵白糖 200 g,桂花酱 5 g,精盐 0.5 g
加工步骤		1. 将银杏砸开去壳,放入开水锅中,边煮边用漏勺捻,直至捻去外衣,盛出,放清水中洗净。 2. 用刀将银杏两端削平,用牙签挑去内芯即成银杏仁;取一只直径 15 cm 的碗,把银杏仁逐个从碗底排摆至碗边,余下银杏仁填满碗。 3. 将绵白糖、蜂蜜、桂花酱调匀,浇在银杏仁上;将盛满银杏仁的碗放入蒸笼蒸制 30 min,至酥烂取出,滗出原汁;将银杏仁反扣盘中,揭去碗。 4. 另起锅,将原汁倒入,略熬至浓稠明亮时,浇在银杏仁上即成
技术关键		银杏初加工时,要将外衣和内心去掉;蒸制时需要大火
成品特点		香甜味美,软糯适口,金黄明亮
类似菜品		蜜汁云腿、蜜汁莲子等

图书在版编目(CIP)数据

六星总厨岗位标准实践指导书/武国栋,张仲光,庞蕊主编. --上海:复旦大学出版社,2025.4.
ISBN 978-7-309-17703-9
Ⅰ. TS972.3
中国国家版本馆 CIP 数据核字第 20247PF304 号

六星总厨岗位标准实践指导书
武国栋　张仲光　庞　蕊　主编
责任编辑/张志军

复旦大学出版社有限公司出版发行
上海市国权路 579 号　邮编:200433
网址:fupnet@fudanpress.com　http://www.fudanpress.com
门市零售:86-21-65102580　团体订购:86-21-65104505
出版部电话:86-21-65642845
上海华业装璜印刷厂有限公司

开本 787 毫米×1092 毫米　1/16　印张 8.5　字数 201 千字
2025 年 4 月第 1 版第 1 次印刷

ISBN 978-7-309-17703-9/T·768
定价:40.00 元

如有印装质量问题,请向复旦大学出版社有限公司出版部调换。
版权所有　侵权必究